职业教育计算机平面设计专业系列教材

移动端界面设计

主　编　潘　宁　刘　斌

副主编　王登平　蔡　蕊　高　杰　刘　强

参　编　刘文斌　田莉莉　叶丽丽　郑　艳

宋颖月

机械工业出版社

本书主要讲解了移动端界面（UI）设计的相关基础知识、图标的设计与制作、iOS 和 Android 系统的手机 APP 界面设计，以及界面中细节的营造，最后是综合项目实训。本书案例都以 iOS 二倍图的制作展开，在工作流程中分析优秀的产品，让学生临摹，将理论讲述渗透到案例欣赏、临摹和设计中，让学生在掌握设计规范的同时，深入理解 UI 设计用户至上、功能至上的理念和设计原则，增加理论讲述的直观性，深入浅出，培养学生的学习兴趣。

本书的呈现形式不再是单纯的纸质教材和电子素材，而是融合了教程、微课视频、电子教案、电子课件等多种数字化资源。案例真实详尽，参考资料丰富。本书可作为职业院校相关专业学生在校学习与培训的教材，也可作为广大行业从业人员和爱好者自学的参考书。

为方便教学，本书配备电子课件等教学资源。凡选用本书作为授课教材的教师均可登录机械工业出版社教育服务网 www.cmpedu.com 注册后免费下载。如有问题请致信 cmpgaozhi@sina.com，或致电 010-88379375 联系营销人员。

图书在版编目（CIP）数据

移动端界面设计／潘宁，刘斌主编. —北京：机械工业出版社，2022.8（2025.1 重印）
职业教育计算机平面设计专业系列教材
ISBN 978-7-111-71475-0

Ⅰ.①移… Ⅱ.①潘… ②刘… Ⅲ.①移动终端-人机界面-程序设计-高等职业教育-教材 Ⅳ.①TN929.53

中国版本图书馆 CIP 数据核字（2022）第 154743 号

机械工业出版社（北京市百万庄大街 22 号 邮政编码 100037）
策划编辑：梁 伟 赵志鹏 责任编辑：赵志鹏 侯 颖
责任校对：张 薇 李 婷 责任印制：李 昂
北京捷迅佳彩印刷有限公司印刷
2025 年 1 月第 1 版第 2 次印刷
184mm×260mm · 9.75 印张 · 213 千字
标准书号：ISBN 978-7-111-71475-0
定价：48.00 元

电话服务	网络服务
客服电话：010-88361066	机 工 官 网：www.cmpbook.com
010-88379833	机 工 官 博：weibo.com/cmp1952
010-68326294	金 书 网：www.golden-book.com
封底无防伪标均为盗版	机工教育服务网：www.cmpedu.com

前 言

本书遵循移动端界面（UI）设计师在实际工作中的设计流程，主要讲述了 iOS 的规范，案例都以 iOS 二倍图的制作展开。在工作流程中，分析优秀的产品，让学生临摹，在进一步掌握设计规范的同时，学习产品的界面、交互及逻辑操作的设计。iOS 的产品设计完成之后，讲述了 Android 操作系统及其产品的适配问题。最后，介绍了流行的设计风格，提高学生的设计水平。这样的编写思路打破以往教材平铺直叙的、先概念再案例、先介绍 UI 相关概念再介绍各操作系统的顺序，开课就直奔设计制作这一主题，更好地培养了学生的学习兴趣，同时增加理论讲述的直观性，理论讲述一直和切实的案例欣赏、临摹和设计在一起，更易于学生理解。

本书通过案例分析引导学生思考，让学生主动学习。书中归纳和总结了编者多年来在移动端 UI 设计领域的探索和成果，以项目案例为载体，将界面设计的美观、交互及逻辑操作的讲述渗透其中，将移动端 UI 设计的完整流程系统化呈现出来。

本书的主要特色和创新点体现在以下两个方面：一是内容的编排基于企业一线工作流程，将理论的讲解渗透到项目的制作过程中，将对优秀案例的临摹作为学生项目设计的基础；二是呈现的形式不再是单纯的纸质教材加电子素材，而是融合了教程、微课视频、电子教案、电子课件等多种数字化资源。案例真实详尽，参考资料丰富。本书既可作为职业院校相关专业学生在校学习与培训的教材，又可以作为广大从业人员和爱好者自学的参考书。

通过学习本书，学生能够掌握 UI 设计的基本概念、UI 设计的基本流程、主流操作系统的特点和设计规范、APP 界面设计方法，能承担移动端 UI 设计工作，特别是能达到一定的职业能力目标。

教学建议

项目	动手操作学时	理论学时
导学	1	1
项目 1　初识移动端界面设计	0	4
项目 2　图标的设计与制作	8	4
项目 3　iOS 移动端界面设计	16	6
项目 4　Android 系统界面设计	4	2
项目 5　界面中的细节营造	18	0
项目 6　综合项目实训	36	4

本书由潘宁、刘斌担任主编，王登平、蔡蕊、高杰、刘强担任副主编。潘宁负责全书项目和任务的确定，并编写了项目 1 和项目 3。刘斌制作电子课件和教案。王登平编写了项目 2、项目 4 和项目 6，蔡蕊录制视频，制作课件及教案。高杰编写了项目 5 并录制视频，制作课件和教案。刘强负责制作项目所用素材。参加编写和制作素材的老师还有刘文斌、田莉莉、叶丽丽、郑艳、宋颖月。

感谢北京 AAA 教育集团的宋国华老师在本书编写过程中提供的帮助！

编　者

二维码索引

（续）

名称	图形	页码	名称	图形	页码
一级页面“我”的设计 2		130	一级页面“发现”的设计 1		139
一级页面“我”的设计 3		130	一级页面“发现”的设计 2		140
登录页界面设计		132	一级页面“发现”的设计 3		141
一级页面“动态”的设计		136			

目　录

Contents

Contents

3

4

5

6

导　学

职业应用

通过本书的学习，学生能够了解移动端界面设计（UI 设计）的基本概念、基本原则、基本流程以及 UI 设计中常用软件和图像格式，掌握 iOS 规范，掌握手机 APP 的设计方法，了解手机操作系统的特点，掌握移动端界面设计中常用的 Photoshop 操作技巧，能够胜任移动端 UI 设计工作。

我国移动互联网等新兴互联网产业进入了高速发展的阶段，产业规模不断扩大，增速飞快，用户体验至上的时代已经来临。随着技术逐步拓展，产品生产的人性化意识日趋增强。目前，相当一部分从事 UI 设计工作的设计师，是从平面设计、网页设计、工业设计、编程、美工、动漫等行业而来，国内 UI 设计师人才稀缺，就业市场供不应求。需要招聘该类型人才的企业不仅仅局限于移动互联网企业，越来越多的其他行业的企业开始注重交互设计、加大用户测试方面的投入，如金融、交通、零售等行业均需要该类型的设计人才。市场 UI 设计师需求人员数量的统计显示，在国内，以北、上、广、深等一线城市为例，“UI 设计师”人才需求量已超过“网页设计师”，UI 设计已经成为移动互联网时代的朝阳行业。众多大型 IT 企业，如百度、腾讯、网易、搜狐、新浪、中国移动、中国联通、华为、联想等，都有设 UI 设计部门和用户体验中心。

由于目前 UI 设计师在国内的发展尚处于起步阶段，这一领域真正高水平的、能充分满足市场需要的 UI 设计师为数甚少；而 IT 行业日新月异的发展速度和人们日益提升的生活标准，对从业人员提出了越来越高的要求。因此，UI 设计师应该通过不断的学习与实践，在诸多不同领域，尤其是在人才资源普遍缺乏的社会学、心理学等人文学科领域拓展视野，丰富自我，努力向高级、资深设计师乃至设计总监的方向发展。除此之外，具有较强协调、组织、管理能力和领导资质者，则可考虑晋升为 IT 项目经理。

新兵训练营

张设计师到某高校招聘 UI 设计实习生，介绍 UI 设计，尤其是移动端 UI 设计的基本情况，并且出了一道面试题。

张设计师说：我给大家介绍一下 UI 设计。“UI”的本义是用户界面，是英文 User Interface 的缩写，泛指用户的操作界面，包含 APP、网页、智能穿戴设备等的界面。UI 设计师则指从事软件的人机交互、操作逻辑、界面美观的整体设计工作的人。移动端的 UI 设计师做得最多的就是手机 APP 的界面设计，当然界面设计要考虑到交互。

大家都有手机，都使用过很多的 APP，那我今天的招聘题目就是设计一款手机 APP，写出产品策划、解决的用户痛点、绘制 APP 的架构图，并且设计出这款 APP 的 Logo。

设计的 APP 可以涉及任何领域，如美食、健身、电商、宠物、旅行、户外、培训、房地产等，但是相比已上线的 APP，要有自己的特色，要能解决用户痛点，如果能写出盈利点更好。

项 目 1
初识移动端界面设计

职业能力目标

- 初步了解移动端界面设计
- 了解界面设计常用单位
- 了解界面设计常用软件及常用图像格式
- 掌握界面设计准则
- 掌握移动端界面设计的基本流程

任务1 认识移动端界面设计

1.1.1 任务情境

小明来到了UI设计公司做实习生。小明的工作主要是协助张设计师做移动端界面设计，小明需要对移动端界面设计有个初步认识，然后撰写一份报告。

1.1.2 任务分析

了解移动端界面设计，首先需要明确以下几个问题：

1）移动端的概念。

2）界面设计的意义。

3）界面设计师的工作内容。

4）界面设计师经常使用的软件。

5）界面设计实习生需要学习的内容。

1.1.3 任务实施

1）人们常说的移动端是移动互联网终端的简称。移动互联网终端是指通过无线网络技术接入互联网的终端设备，其主要功能就是移动上网，因此其十分依赖各种网络。在移动互联网时代，移动终端是移动互联网发展的重点之一。

移动互联网的终端主要以智能手机为主。智能手机除了具备通话功能外，还具备了PDA（Personal Digital Assistant，个人数字助理，又称掌上电脑）的大部分功能，特别是个人信息管理以及基于无线数据通信的浏览器功能。智能手机为用户提供了一定的屏幕尺寸和带宽，既方便随身携带，又为软件运行和内容服务提供了广阔的舞台，很多增值业务可以就此展开，如股票、新闻、天气、交通、应用程序下载、音乐图片下载等。

移动互联网终端还包括平板计算机、智能手表和车载计算机。

2）“UI”的本义是用户界面，是英文User Interface的缩写，泛指用户的操作界面，包含移动APP、网页、智能穿戴设备等的操作界面。UI设计是为了满足专业化、标准化需求而对软件的使用界面进行美化、优化和规范化的设计分支。UI设计具体包括软件启动封面设计、软件框架设计、按钮设计、面板设计、菜单设计、标签设计、图标设计、滚动条及状态栏设计、安装过程设计、包装及商品等。设计不同于艺术，艺术是感性的，而设计是理性的。艺术所表达的是创作者的个人意识，而设计是为了解决用户的具体问题。只有将产品本身的UI设计和用户体验设计完美融合才能打造出优秀的UI设计作品。好的UI设计不仅让软件变得有个性、有品位，还会让软件的操作变得舒适、简单、自由，充分体现软件的特点。

手机 UI 设计是手机软件的人机交互、操作逻辑、界面美观的整体设计。作为手机操作系统中人机交互的窗口，界面必须基于手机的物理特性和软件的应用特性进行合理的设计。UI 设计师首先应对手机的系统性能有所了解。

3）UI 设计师指从事软件的人机交互、操作逻辑、界面美观的整体设计工作的人。UI 设计的三大具体分类，即图形设计、交互设计和用户测试/研究，分别对应的是美术设计的专业知识、软件工程师背景和相应的编程能力，以及社会学、心理学等人文学科知识储备。当然，在实际工作中，这几种职能也不是截然分开的。现今，这一涵盖诸多领域的职位，要求从业人员同时具备跨学科、综合性的理论素养和实操能力。在漫长的软件发展过程中，界面设计工作一直没有被重视起来。做界面设计的人也被称为“美工”。其实，软件界面设计就像工业产品中的工业造型设计一样，是产品的重要卖点。一个友好、美观的界面会给人带来舒适的视觉享受，拉近人与电子产品的距离，为商家创造卖点。界面设计不是单纯的美术绘画，它需要定位使用者、使用环境、使用方式并且最终为用户而设计，是纯粹的、科学性的、理性的设计。检验一个界面设计好坏的最终标准是用户的体验。UI 设计师要时刻记住用户体验至上。

4）UI 设计师需要精通 Photoshop 软件的操作，有时还需要使用 Illustrator。切图时可以使用 Photoshop 工具栏中的裁切工具，或者使用专门的切图工具——像素大厨（PxCook）。

5）作为 UI 设计公司的实习生，需要精通 Photoshop 软件的操作，需要学习交互设计，学习手机系统的特点，同时学习图标的设计，学习 Web 端和移动端的界面设计。

1.1.4　任务评价

能够撰写对于移动端界面设计的认识报告。

任务2　UI 设计常用单位解析

1.2.1　任务情境

初涉移动端 UI 设计的人，都会在尺寸问题上纠结好一阵子才能摸到头绪。因此设计师给小明布置了新的作业，要求他了解 UI 设计常用的单位。

1.2.2　任务分析

移动端设备屏幕尺寸非常多，碎片化严重。尤其是 Android（安卓）系统的手机，有很多种分辨率，如 480×800，480×854，540×960，720×1280，1080×1920，而且还有 2K 屏。近年来，iOS 系统屏幕分辨率的碎片化也加剧了，如 640×960，640×1136，750×1334，1242×2208 等。实际上，大部分的 APP 和移动端网页，在各种尺寸的屏幕上都能正常显示。这说明尺寸的问题一定有解决方法，而且有规律可循。

1.2.3 任务实施

1. 像素密度

我们平时提到的分辨率，是指手机屏幕的实际像素尺寸。例如 480×800 的屏幕，就是由 800 行、480 列的像素点组成的，每个点发出不同颜色的光，构成人们所看到的画面。而手机屏幕的物理尺寸和像素尺寸是不成比例的。最典型的例子就是，iPhone 3GS 的屏幕像素尺寸是 320×480，iPhone 4S 的屏幕像素尺寸是 640×960，行、列都刚好是两倍，然而两款手机都是 3.5in 的屏幕。这里有一个重要的概念——像素密度（pixels per inch，ppi）。它是连接数字世界与物理世界的桥梁。

准确地说，ppi 是每英寸的长度上排列的像素点数量（1in = 25.4mm）。像素密度越高，代表屏幕显示效果越精细。Retina 屏比普通屏清晰很多，就是因为它的像素密度翻了一倍。

2. 倍率与逻辑像素

假设有个邮件列表界面，在 iPhone 3GS 上大概只能显示 4～5 行，在 iPhone 4S 上就能显示 9～10 行，而且每行会变得比较宽。但两款手机其实是一样大的。如果照这种方式显示，3GS 上刚刚好的效果，在 4S 上就会小到根本看不清字。在现实中，这两者效果却是一样的。这是因为，iPhone 从 iPhone 4 开始，用的是 Retina 屏幕。该屏幕把 2×2 个像素当 1 个像素使用。例如，原本 44 像素高的顶部导航栏，在 Retina 屏上用了 88 个像素的高度来显示。从而导致界面元素都变成 2 倍大小，反而和 3GS 效果一样了，且画质更清晰。这也是 iOS 二倍图的由来。在 iOS 应用的资源图片中，同一张图通常有两个尺寸，文件名有的带@2x 字样，有的不带。其中，不带@2x 字样的用在普通屏上，带@2x 字样的用在 Retina 屏上。由此可以看出，苹果以普通屏为基准，给 Retina 屏定义了一个 2 倍的倍率（iPhone 的 Plus 机型是 3 倍，对应 iOS 三倍图）。实际像素除以倍率，就得到逻辑像素尺寸。只要两个屏幕逻辑像素相同，它们的显示效果就是相同的。本书的设计尺寸都采用 iOS 二倍图的设计尺寸。

3. 常用单位及其换算

inch：英寸，长度单位，1in = 25.4mm。

px：pixel，像素，电子屏幕上组成一幅图画或照片的最基本单元。在 Photoshop 上将图片放大，可以看到，图片是由一个个的小格子组成的，这一个个的小格子就是像素。

pt：point，点，印刷行业常用单位，1pt = 1/72in = 0.35mm。

ppi：pixels per inch，像素密度，即每英寸的长度上排列的像素点数量。

dpi：dot per inch，即每英寸上能打印的点数量。该单位常用于打印设备上，这个值越高，打印出的效果越精细。

density：屏幕密度。

dp：dip，density-independent pixel，是 Android 系统开发用的长度单位。1dp 表示在屏幕像素点密度为 160ppi 时 1px 的长度。定义当屏幕的 ppi = 160 时，1dp = 1px，这时 1dp 的长度为 1/160in = 0.006in，即 px/dp = dpi/160。当手机屏幕的 ppi 不同时，如在 320ppi 屏幕上，这时 1dp = 2px，即 1dp 的长度为 2/320 = 0.006in。也就是说，dp 类似于我们所说的物理尺寸了，这可以保证用 dp 作为单位时，在 ppi 不同的屏幕上看起来效果是相同的。

sp：scale-independent pixel，Android 系统开发用的字体大小单位。

1.2.4 任务评价

了解 iOS 系统和 Android 系统 UI 设计常用单位，以及单位之间的换算关系。

任务3 了解 UI 设计常用软件及常用图像格式

1.3.1 任务情境

小明到公司实习已经有几天的时间了，对于移动端 UI 设计有了初步了解，明确了基本概念和工作中常用的单位。在真正开始设计工作之前，张老师要求小明了解 UI 设计常用软件和图像格式。

1.3.2 任务分析

进行移动端 UI 设计，离不开软件操作。作为一名设计师助理，首先要熟悉软件操作和常用图像格式。

1.3.3 任务实施

1. 常用软件介绍

（1）Photoshop

Adobe Photoshop 是图像处理软件元老，是受欢迎的强大的图像处理软件之一。它的源文件格式为 *.psd，处理以像素所构成的数字图像，能处理的图片格式主要有 JPGE、GIF、PNG、PSD、PDD、BMP、RLE、DIB、DCM、DC3、DIC、EPS、IFF、TDI、JPG、JPE、JPF、JPX、JP2、J2C、J2K、JPC、PCX、PDF、PDP、RAW、PXR、SCT、TGA、VDA、ICB、VST、TIF、TIFF、PBM、PGM、PPM、PNM、PFM、PAM 等。

Photoshop 拥有多种选择工具，极大地方便了用户的不同要求。而且多种选择工具还可以结合起来选择较为复杂的图像。它具有图像合成、色彩校正、图层调板、通道使用、动作调板、路径工具、滤镜等图像处理功能，可用于按钮制作、文字特效、材质纹理、三维物体、影像特效及广告创意设计等。Photoshop 的应用领域十分广泛，在图像、图形、文字、视频、出版各方面都有应用，是一款值得深入学习的软件。

（2）Illustrator

Adobe Illustrator 是 Adobe 公司推出的一款基于矢量的图形制作软件，源文件格式为 *.ai。其最大特点在于钢笔工具的使用，使得操作简单、功能强大的矢量绘图成为可能。它还集成了文字处理、上色等功能。该软件主要应用于印刷出版、海报书籍排版、专业插画、多媒体图像处理和互联网页面的制作等，也可以为线稿提供较高的精度和控制，适合任何复杂项目。

（3）Axure RP

Axure RP 是美国 Axure Software Solution 公司的旗舰产品，是一个专业的快速原型设计工具，让负责定义需求和规格、设计功能和界面的专家能够快速创建应用软件或 Web 网站的线框图、架构图、原型和规格说明文档。作为专业的原型设计工具，它能快速、高效地创建原型，同时支持多人协作设计和版本控制管理。Axure RP 的使用者主要包括商业分析师、信息架构师、产品经理、IT 咨询师、用户体验设计师、交互设计师、UI 设计师等，另外，架构师、程序员也在使用 Axure RP。

（4）C4D

C4D 的全名是 Cinema 4D，是德国 MAXON 公司推出的 3D 动画制作软件。C4D 是一个老牌的 3D 制作软件，能够进行顶级的建模、动画和渲染。C4D 最初应用于工业建模与渲染，以及建筑领域，后来扩展到广告、栏目包装领域和影视特效制作。

（5）PxCook

PxCook（像素大厨）是一款非常实用且功能强大的 UI 设计师效率提升利器，让设计师专注于设计本质，不再为标注和切图而烦恼，从设计到实现一气呵成。自 2.0.0 版本开始，PxCook 支持 PSD 文件的文字、颜色、距离自动智能识别。PxCook 的优点在于将标注、切图这两项设计集成在一个软件内完成，支持 Windows 和 Mac 双平台。

（6）Adobe XD

Adobe XD 是一站式 UX/UI 设计平台。通过这款产品，用户可以进行移动应用和网页设计与原型制作。同时，它也结合了设计与建立原型功能，并同时能实现工业级性能的跨平台产品设计。设计师使用 Adobe XD 可以高效、准确地完成静态编译或者从框架图到交互原型的转变。

2. 常用文件格式

移动端 UI 设计的各种元素通常以 PNG、JPG、GIF 格式进行存储。

PNG 格式：便携式网络图形（portable network graphics）是一种无损压缩的位图文件格式。其设计目的是试图替代 GIF 和 TIFF 文件格式，同时增加一些 GIF 文件格式所不具备的特性。PNG 的名称来源于“可移植网络图形格式（portable network graphic format，PNGF）”，也有一个非官方解释“PNG's Not GIF”。PNG 使用从 LZ77 派生的无损数据压缩算法，一般应用于 Java 程序或网页程序中。因为它的压缩比高，所以生成文件的体积小。PNG 是位图格式，支持透明度、体积较小，经常用于网络，也可以用于印刷，但必须是小面积印刷。

JPG 格式：JPG 是 JPEG 的简称，JPEG（joint photographic experts group）是常见的一种图像格式，它由联合照片专家组开发并命名为“ISO10918－1”，JPEG 仅是一种俗称而已。JPEG 格式是目前网络上较流行的图像格式，可以把文件压缩到很小。在 Photoshop 软件中以 JPEG 格式存储时，提供 11 级压缩级别，用 0～10 级表示。其中，0 级压缩比最高，图像品质最差。即使采用细节几乎无损的 1 级质量保存时，压缩比也可达 5:1。以 BMP 格式保存得到的 4.28MB 图像文件，若采用 JPG 格式保存，其文件大小仅为 178KB，压缩比达到 24:1。经过多次比较，第 8 级压缩为存储空间与图像质量兼得的最佳比例。JPEG 文件的优点是体积小巧，并且兼容性好。

GIF 格式：GIF（graphics interchange format）的原义是“图像互换格式”，是 CompuServe 公司在 1987 年开发的图像文件格式。GIF 是一种基于 LZW 算法的连续色调的无损压缩格式，其压缩率一般在 50% 左右。GIF 格式可以存储多幅彩色图像，如果把存储于一个 GIF 文件中的多幅图像数据逐幅读出并显示到屏幕上，就可构成一种最简单的动画。GIF 只能显示 256 色。

1.3.4　任务评价

了解移动端 UI 设计中常用的软件及其功能和设计中常用的图片格式。

任务 4　掌握 UI 设计准则

1.4.1　任务情境

小明了解了常用软件之后，发现这些软件都是他学习过的，但是设计师告诉他，仅仅掌握软件的操作是远远不够的，一个好的 UI 设计师必须知道 UI 设计的准则。

1.4.2　任务分析

设计绝不是简单的排列组合与简单的再编辑，它应当充满着价值和意义，能说明道理，删繁就简，阐明演绎，修饰美化。

1.4.3 任务实施

1. 界面清晰最重要

界面清晰是 UI 设计的第一步。要想让用户喜欢你设计的 UI 作品，首先必须让用户认可它，知道怎么样使用它，并让用户知道在使用时会发生什么，使用户能方便地与它交互。

2. 全力维护用户的注意力

在阅读的时候，总是会有事物分散我们的注意力。因此，在设计界面的时候，能够吸引用户的注意力很关键，千万不要将界面的周围设计得太复杂，干净简洁的界面有利于维持用户的注意力。

3. 让界面处于用户的掌控之中

人们往往对能够掌控自己周围的环境感到舒服，不考虑用户感受的设计往往会让这种舒适感消失。要让用户感觉界面处于其掌控之中，让用户感觉拥有主动权。

4. 直接操作的感觉最棒

当能够直接操作物体时，用户的感觉是最棒的。在设计界面时，有些图标往往并不是必需的，过多的按钮、选项等烦琐的东西仅仅是为了填满界面，这些都是画蛇添足。图标的作用是以图形化的视觉形象给用户快速引导，如果只是装饰，就不如不要。

5. 每个屏幕只提供一个操作主题

设计的每一个画面都应该有一个单一的主题，这样不仅能够让用户体会到它真正的价值，也更容易上手，使用起来也更方便。如果一个屏幕支持两个或两个以上的主题，会让整个界面看起来混乱不堪。

6. 界面过渡自然

界面的交互都是关联的，所以要认真地考虑到下一步的交互是怎样的，并且通过设计将其实现。当用户已经完成该做的步骤，给他们自然而然继续下去的方法。界面的交互要清晰。

7. 表里如一

按钮要具备按钮的特点，让用户一眼就看到。而不具备按钮特性的元素不能设计成按钮的样子，否则用户会不知所措。

8. 区别对待一致性

如果屏幕元素各自的功能不同，那么它们的外观也理应不同。反之，如果功能相同或相近，那么它们看起来就应该是一样的。元素排版要整齐且统一，功能要清晰明了。

9. 强烈的视觉层次感

强烈的视觉层次感是通过界面上视觉元素提供的清晰浏览顺序来实现的。也就是说，用户每次都能按照同一个顺序浏览同一些元素。弱化的视觉层次没有给用户提供如何浏览的线索，用户会感到困惑和混乱。恰当的组织 UI 设计元素能够降低用户的认知难度，对屏幕元素的恰当组织能够使页面显得简洁，这能够帮助用户更容易并且更快地理解界面。

10. 颜色不是决定性因素

物体的颜色会随着光线的变化而变化，是一个变化的属性，不应该在界面中起决定性作用。它可以用于提醒，但是不应该是唯一的区分元素。

11. 渐进展示

在每个页面上只显示必要的内容，如果用户在做选择，那么给他们提示足够的信息，然后在后续的页面上展示详情。避免在某个界面过度展示所有细节。

12. 优秀的设计是无形的

优秀的设计是没有痕迹的。如果设计是成功的，那么用户可以只关注自己的目的，而不是界面，不依赖于界面。

13. 界面是被人使用的

只有用户使用你设计的界面时，界面设计才是成功的。界面中的视觉设计不是艺术作品，正确地理解信息和传递信息是最重要的，忽略内容而关注形式是不可取的。

1.4.4 任务评价

能够掌握 UI 设计的准则。

任务 5 了解移动端 UI 设计基本流程

1.5.1 任务情境

小明马上就可以协助张设计师做设计工作了，在此之前，他还需要了解移动端 UI 设计的基本流程以及自己的工作和学习内容。

1.5.2 任务分析

了解 UI 设计流程，明确 UI 设计实习生的学习内容。

1.5.3 任务实施

1. UI 设计流程

一个产品的 UI 设计流程一般分为以下 10 个阶段：

(1) 产品定位与市场分析阶段

UI 设计师应了解产品的市场定位、产品定义、客户群体、运行方式等。UI 设计师的主要职责就是定义用户群特征、定义最终用户群、定义产品方向。

(2) 用户研究与分析阶段

UI 设计师收集相关资料，分析目标用户的使用特征、情感、习惯、心理、需求等，提出用户研究报告和可用性设计建议。这部分工作由团队配合完成。在时间与项目需求允许的情况下，还可以制定实景用户分析。

(3) 架构设计阶段

这一阶段涉及比较多的界面交换与流程的设计，主要执行人员是 UI 设计师、UE 人员、需求部门人员。实现步骤是：UI 设计师进行风格设计和界面设计，和需求部门人员拿出定稿；UE 人员对原型进行优化，整理出交互及用户体验方面意见，反馈给 UI 设计师及需求部门人员；UI 设计人员等待效果图，开始代码编制。UI 设计师的主要职责：根据可行性分析结果制定交互方式、操作与跳转流程、结构、布局、信息和其他元素，给出界面设计、图标设计、风格设计。

(4) 原型设计阶段

这一阶段主要是设计规范、代码及程序开发。UI 设计师的主要职责：对前面所有的工作给予设计方面的实施，根据进度与成本，可以把原型控制在“手绘 - 图形 - Flash - 视频”几种表现形式，原型的本质更倾向于一个 Demo（小样），它不需要有全部的功能，但要体现出设计对象的基本特性。

(5) 界面设计阶段

该阶段主要对原型设计阶段的界面原型进行视觉效果处理。UI 设计师的主要职责：确定整个界面的色调、风格、界面、窗口、图标的表现。

(6) 界面输出阶段

该阶段需配合开发人员完成相关的界面结合。UI 设计师的主要职责：根据界面设计阶段的最后结果，配合技术部门实现界面设计的实际效果。

(7) 可用性测试阶段

主要测试项目有：一致性测试、信息反馈测试、界面简洁性测试、界面美观度测试、用户动作性测试、行业标准测试。UI 设计师的主要职责：负责原型的可用性测试，发现可用性问题并提出修改意见。

(8) 完成工作阶段

对前面七个阶段的设计工作进行细节调整。UI 设计师的主要职责：可用性的循环研究、用户体验回馈、测试回馈、对可行性建议进行完善。

(9) 产品上线

检验 UI 设计的成果是否符合市场及用户群体。UI 设计师的主要职责：收集市场对于产品的用户体验，并记录完成文字说明。

(10) 分析报告及优化方案

了解整个界面设计的优缺点。UI设计师的主要职责：对于前九个阶段的UI设计进行详细、系统的整理，为下一次UI设计提供有力的市场分析及技术论据。

2. 移动端UI设计实习生需要学习的工作

(1) 绘制APP架构图

图1-1所示为“下厨房”APP架构图。

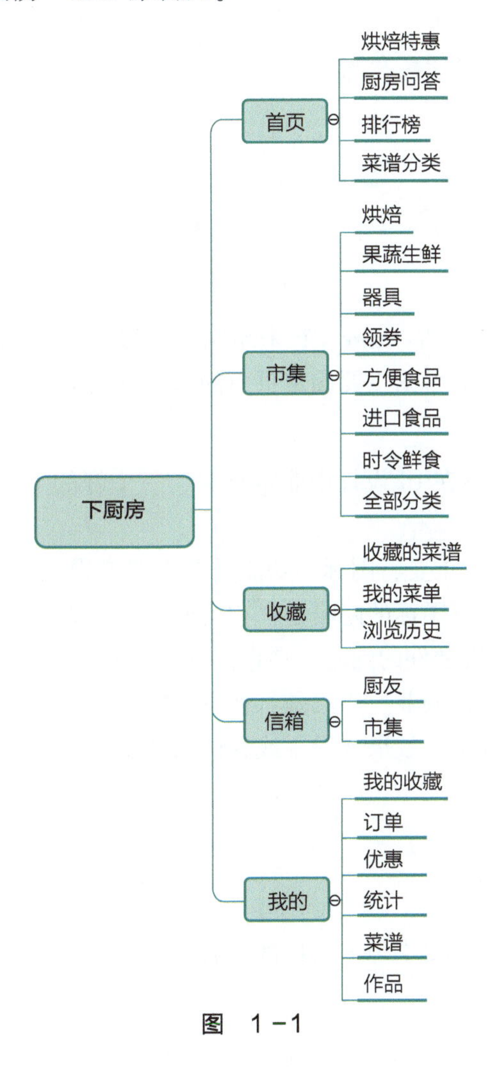

图 1-1

APP架构图说明了APP主要的功能、页面以及页面之间的逻辑关系。APP架构图可以使用软件绘制，也可以使用纸笔绘制。

(2) APP的原型图

APP的原型图确定了每一个页面的具体内容和大概的版式设计。图1-2所示为原型图示例。

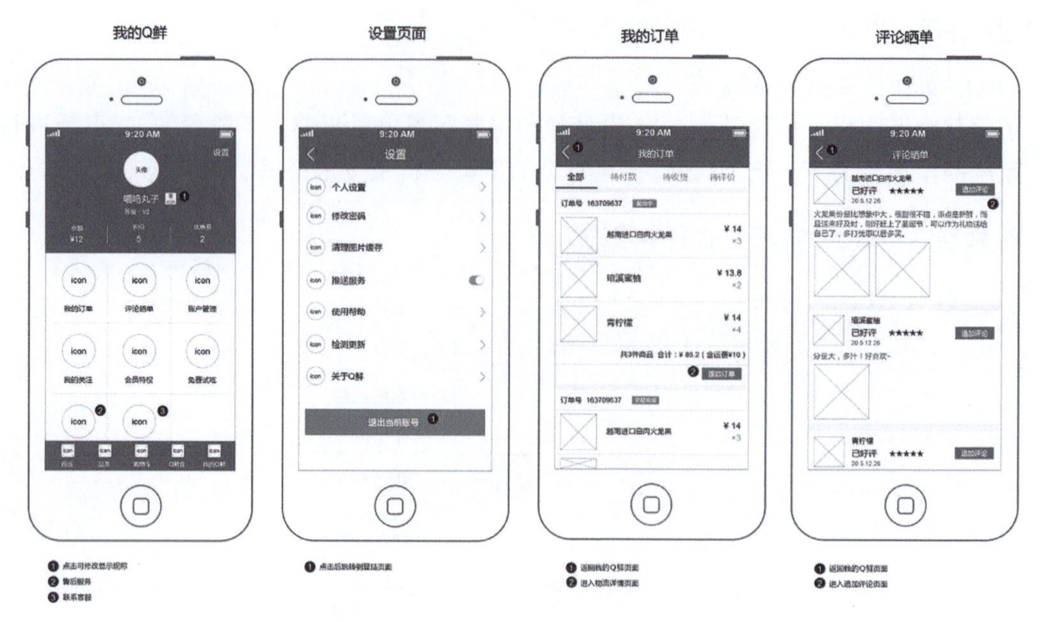

图 1-2

APP 的原型图可以使用软件 Axure RP 来绘制，一般建议绘制文件大小为 375 × 667 像素。也可以采用纸笔绘制。原型图主要确定页面的内容和功能。

（3）UI 设计

1）版式设计。版式设计在 UI 设计中非常重要，一个好的 UI 设计，版式设计的重要程度约占 80%。

2）图标设计。图标非常重要，图标的功能是图标造型设计的标准和依托。设计图标要实用和美观，同时还要考虑到图标的隐喻性，它代表的意思必须是用户可知的、熟知的。

3）色彩调配。由于手机硬件的问题，在色彩的还原程度上有一定的限制，因此在选用色彩时要根据使用的屏幕进行调节。方法是：将设计好的效果图导入相应的手机中，用该手机自带的图片浏览软件进行全屏效果查看，或者请求开发人员帮助。

1.5.4 任务评价

1）了解 UI 设计流程。

2）明确 UI 设计实习生需要学习与掌握的内容。

项 目 2
图标的设计与制作

职业能力目标

- 能设计 APP 软件的 ICON 图标
- 能制作 APP 软件中的正形图标
- 能制作 APP 软件中的负形图标
- 掌握功能型图标的设计方法

任务 1　APP 软件的 ICON 图标设计

2.1.1　任务情境

公司接到一款 iOS 系统的 APP 软件开发工作，设计组长找到小明，让小明尝试去做一个关于这款 APP 的 ICON（应用图标）。接到任务后，小明找到了市场部负责人了解了 APP 的具体内容和类型，并开始设计进程。

2.1.2　任务分析

小明接到的这个任务是设计一款关于旅游的 APP 的 ICON 图标，目标人群是情侣，取名为“爱旅行”。这个任务重点是考察设计人员如何把握住情侣的特点，运用所掌握的设计技巧，针对相应的人群，设计出符合产品和目标人群特点的 ICON 图标，设计难度偏大。

2.1.3　任务实施

扫码看视频

了解了 APP 的内容和类型，小明思考之后决定采用抽象的字母和人物形状来设计 ICON 图标。

制作步骤详解如下。

Step 01　新建文件，大小为 1024×1024px，名称为 ICON，颜色模式为 RGB，如图 2-1 所示。

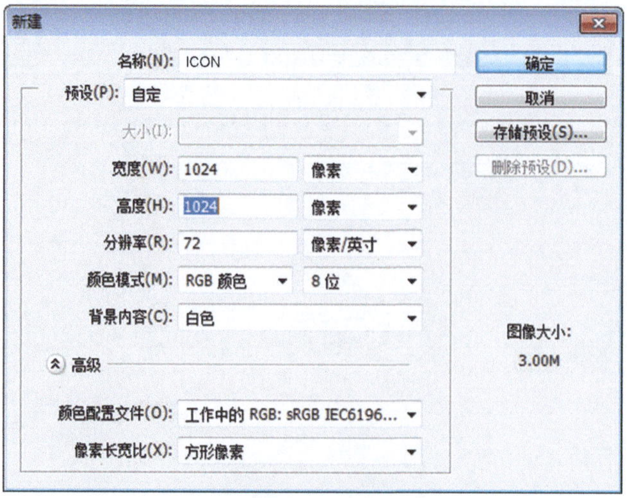

新建

名称(N): ICON
预设(P): 自定
大小(I):
宽度(W): 1024 像素
高度(H): 1024 像素
分辨率(R): 72 像素/英寸
颜色模式(M): RGB 颜色 8 位
背景内容(C): 白色
高级
颜色配置文件(O): 工作中的 RGB: sRGB IEC6196...
像素长宽比(X): 方形像素
确定
取消
存储预设(S)...
删除预设(D)...
图像大小:
3.00M

图　2-1

Step 02　设置背景为蓝色（#31a6d0），如图 2 – 2 所示。按组合键 <Alt + Delete>进行填充。

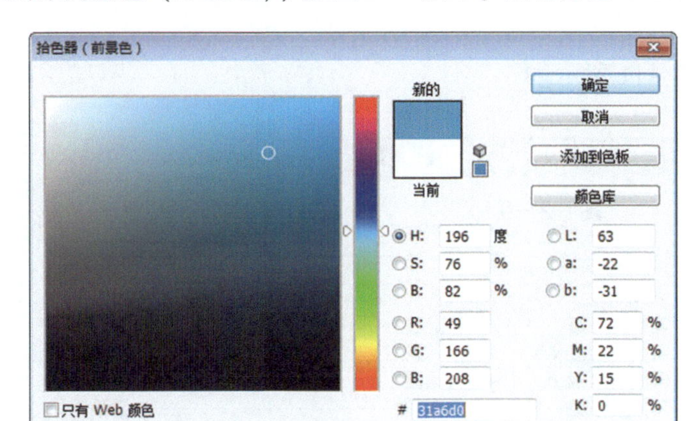

图　2 – 2

Step 03　选用圆角矩形工具，设置半径为 180 像素（如图 2 – 3 所示），设置为形状属性，填充为白色，描边为无，如图 2 – 4 所示，创建圆角矩形，效果如图 2 – 5 所示。

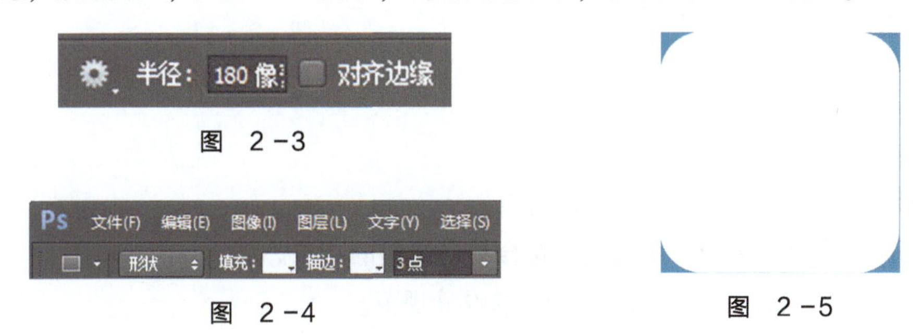

图　2 – 3

图　2 – 4

图　2 – 5

Step 04　选用椭圆工具，将其设置为形状属性，填充蓝色（#31a6d0），描边为无，如图 2 – 6所示，创建椭圆形状；再使用钢笔工具，设置与椭圆工具同样的工具属性，选择“减去顶层”命令，对椭圆做“减去”操作。绘制结果如图 2 – 7 所示。

Step 05　使用同样的方法制作另外一个形状，填充颜色改为橘色（#f7931d）。绘制结果如图 2 – 8 所示。

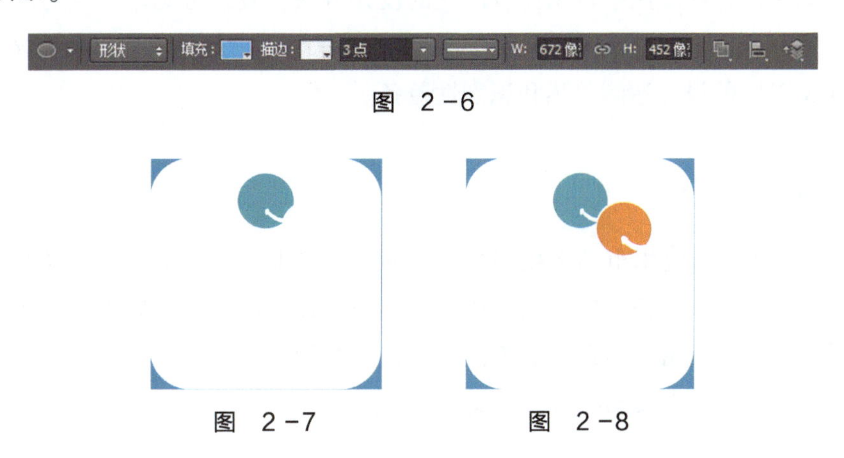

图　2 – 6

图　2 – 7

图　2 – 8

Step 06 选用钢笔工具，将其设置为形状属性，如图 2－9 所示。制作图 2－10 所示的形状。

最终效果如图 2－11 所示。

图 2－9

图 2－10

图 2－11

2.1.4 任务评价

1）ICON 图标设计符合旅游行业的特点。

2）ICON 图标设计色彩使用规范，符合年轻情侣的特点。

3）图标尺寸完全符合 iOS 系统 ICON 的设计规范。

2.1.5 必备知识

要熟练掌握 iOS 系统的 ICON 图标设计规范，在 APP Store 中使用的图标大小为 1024 × 1024px，圆角大小为 180px。

在 ICON 图标设计中使用字母是比较广泛的设计方法，具体分为单个字母的设计、多个字母的组合设计、字母结合图形的设计等。在设计过程中，一定要注意字母的含义和抽象化处理，使 ICON 图标的设计达到美感和识别性兼备。

2.1.6 触类旁通

去 App Store 这样的应用市场下载某个 APP 时，首先映入眼帘的便是 ICON 图标。一个 APP 的 ICON 图标设计的美感与吸引力，决定了用户对该产品的第一印象。一个有吸引力的 APP ICON 图标，可以让用户愿意去了解，甚至愿意去下载该款 APP。

ICON 图标的设计形式大概可以分为以下几类。

1. 使用字体进行设计

(1) 使用单个字字体设计

提取产品名称中最具代表性的独立文字，进行字体设计。通过对笔画及整体骨架进行设计与调整，以达到符合产品特性和视觉差异化的目的。作为国人对汉字的敏感度，这样的设计形式大大降低了用户对品牌的认知成本。该设计形式可以一目了然地传递产品信息，让用户在自己的手机桌面上快速找到应用所在。单个字字体设计示例如图 2－12 所示。

(2) 使用多个字字体设计

多个字字体设计通常为产品名称直接运用在设计中，如有道、闲鱼等。多个字字体设计需要注意的是整体的协调与可读性，一排出现两个汉字属于比较理想的可读范围，极限为两个汉字并排，最多两行为宜。多个字字体设计示例如图 2－13 所示。

(3) 字母字体加辅助图形设计

字母加图形组合设计应用比较广泛，图形分为几何图形和生活映象提炼的图形。如酷狗音乐就是由字母 K 结合圆形组合而成（如图 2－14 所示），QQ 浏览器则是由字母 Q 与生活中云朵的提炼图形结合而成。

图 2－12　　图 2－13　　图 2－14

2. 使用图形进行设计

(1) 动物剪影设计

动物剪影设计通常是提取动物外部轮廓然后进行单色填充，可以提取动物整体形象或者局部特征部位作为设计元素，少量的会辅助一些图形作为背景元素。这类应用图标背景为单色或者渐变色，以白色填充居多。动物剪影设计示例如图 2－15 所示。

(2) 相同图形重复设计

将相同的图形进行有序的排列，排列形式有梯度渐变、等大均排、规律性重复、配色差异、大小错落等。这样的设计方式可以给单调的图形增加层次感，使构图饱满，有一定梯度渐变和规律性重复的图形组合可以传递一定的韵律感和动感。相同图形重复设计示例如图 2－16 所示。

图 2-15　　图 2-16

(3) 正、负形的设计

正、负形的设计在 Logo 图形设计中是比较常见的表现手法，运用在图标设计中，以正形为底突出负形特征，以负形表达产品属性。利用正、负形进行设计，图形设计感较强，正形与负形可以更加充分地表达产品的特征与服务。正、负形设计示例如图 2-17 所示。

(4) 动物形象设计

将动物作为图标设计元素是比较常见的方式之一。动物给人的印象比较可爱，有助于加深用户对产品的印象。动物的表现形式有剪影、线性描边风格、面性风格等。动物形象设计示例如图 2-18 所示。

(5) 卡通形象设计

卡通形象与动物形象容易混淆，因为很多卡通形象都基于动物设计演变而来。这里单独把它提取出来是为了归类一些单纯以动物外形为设计元素的表现手法。卡通形象表情特征明显，视觉冲击力和图标的识别性较强。卡通形象设计示例如图 2-19 所示。

图 2-17　　图 2-18　　图 2-19

任务 2　正形图标的制作

2.2.1　任务情境

小明作为刚进入公司的成员，主要是以锻炼为主，所以有时会做一些辅助工作。正好他所在的小组刚接到一个网课类 APP 软件设计，需要设计标签栏的图标，小明参加了这个任务的小组讨论会，会上决定由小明设计标签栏的正形图标。

2.2.2　任务分析

小明接到的这个标签栏的图标设计任务，已经明确是关于网课的，讨论会上也确定了标签栏的组成。这个任务的重点是考察设计人员对标签栏图标的设计要点的把握，熟练运用线性、面、色彩做出符合产品特点的正形图标，设计难度偏大。

扫码看视频

2.2.3　任务实施

了解了标签栏包含“主页”“分类”“视频”“题库” 和 “我的” 几项，小明开始上网搜集资料，并且下载类似的 APP 做竞品分析，决定利用色块形式来设计正形图标。

1. “主页”图标的制作

Step 01　在 Photoshop 中创建一个新的文档（750 × 1334px），如图 2 – 20 所示。

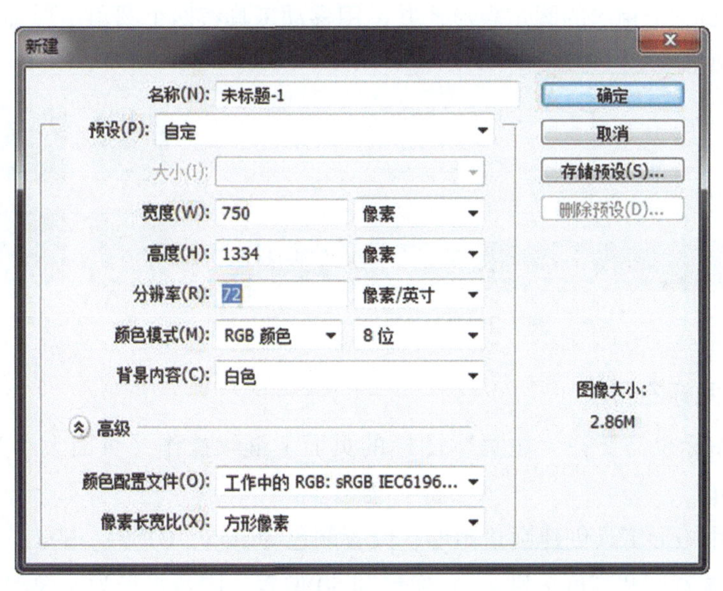

图　2 – 20

Step 02　选用矩形工具，将其设置为形状属性，使用填充颜色为浅灰色，描边为无，W 为 750. 03 像素，H 为 98 像素，如图 2 – 21 所示。单击空白区域创建矩形，作为该页面的主菜单栏，将其置于文件底部。

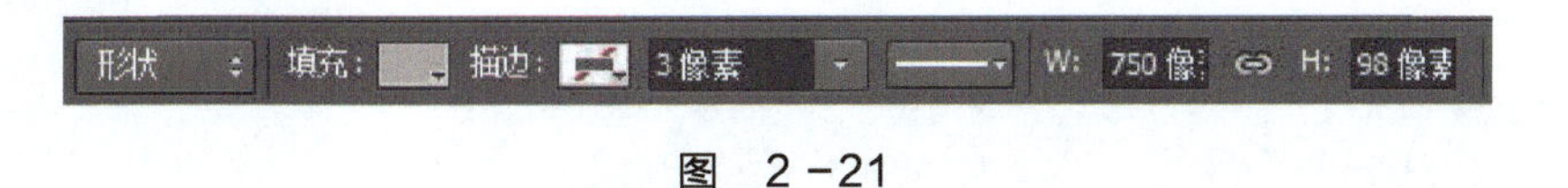

图　2 – 21

Step 03 选用钢笔工具，将其属性设为形状，填充颜色设置为 R45、G152 、B98 ，描边设置为无，如图 2 –22 所示。

图 2 –22

Step 04 利用钢笔工具，结合 < Ctrl > 键和 < Alt > 键，绘制带有圆角特点的图形，做为主页正形图标。图形整体尺寸控制在 50 × 50px。

最终效果如图 2 –23 所示。

图 2 –23

2. “分类”图标的制作

“分类”的图标需要在“主页”图标的页面上继续操作（页面大小为 750 × 1334px，主菜单栏大小为 750 × 98px）。

Step 01 选用圆角矩形工具绘制出所需的形状，宽度为 50 像素、高度为 50 像素，圆角半径为 3 像素，填充 R45、G152 、B98 颜色，无描边色，如图 2 –24 所示。

Step 02 复制三个相同的圆角矩形，并运用移动工具将四个圆角矩形排列整齐。最终效果如图 2 –25 所示。

图 2 –24　　图 2 –25

3. “视频”图标的制作

“视频”的图标也需要在“主页”图标的页面上继续操作（页面大小为 750 × 1334px，标签栏高度为 98px）。

Step 01 选用矩形工具创建圆角矩形，设置颜色为 R45、G152 、B98，无描边色。

Step 02 设置宽度和高度分别为 50 像素和 50 像素，圆角半径为 5 像素，如图 2 –26 所示。单击空白区域进行创建。

Step 03 选用工具箱中的钢笔工具，结合 < Ctrl > 键和 < Alt > 键，绘制带有圆角的三角形。

最终效果如图 2 –27 所示。

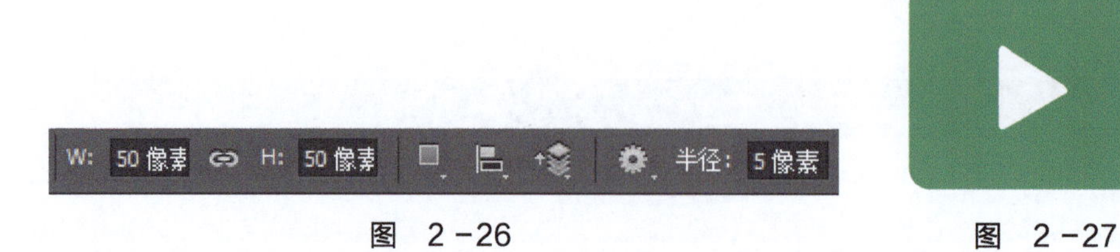

图 2 –26　　图 2 –27

4. “题库”图标的制作

“题库”的图标也需要在“主页”图标的页面上继续操作（页面大小为750×1334px，标签栏高度为98px）。

Step 01 选用圆角矩形工具，设置颜色为R45、G152 、B98，无描边。

Step 02 设置宽度和高度分别为48像素和55像素，圆角半径为6像素，如图2－28所示。单击空白区域进行创建。

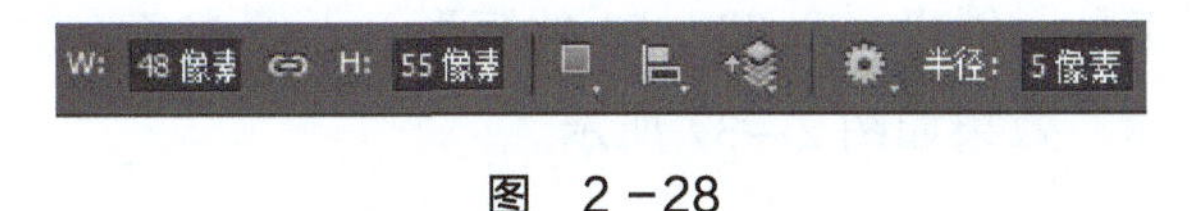

图 2－28

Step 03 选用矩形工具，创建小矩形放在圆角矩形左上方。选择两个形状后，使用选项栏中的“减去顶层形状”命令（如图2－29所示），可将左上方的矩形删除，结果图2－30所示。

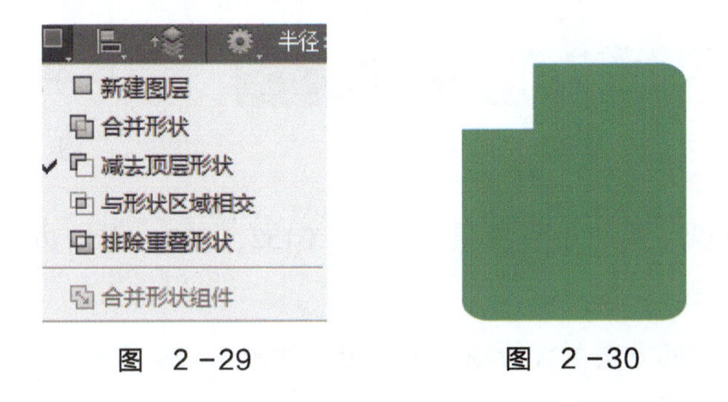

图 2－29　　图 2－30

Step 04 选用钢笔工具（如图2－31所示），按图2－32所示设置填充为R45、G152 、B98，描边为无。选择新建图层模式（如图2－33所示），在图像上绘制横向矩形。按组合键<Ctrl＋T>，将矩形旋转45°，将矩形置于上面圆角矩形的缺口处，效果如图2－34所示。

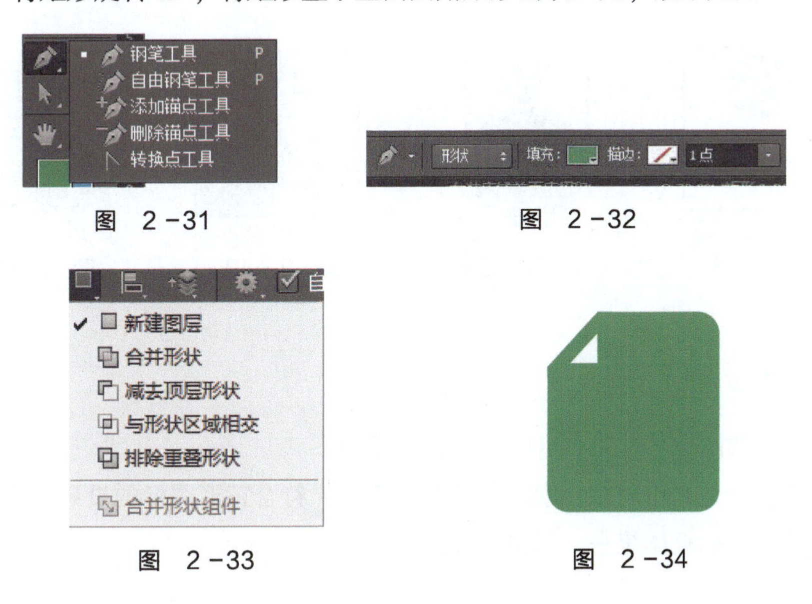

图 2－31　　图 2－32

图 2－33　　图 2－34

Step 05 选用矩形工具，对工具属性进行设置，填充色为白色，在图像上绘制矩形。再按组合键 < Ctrl + J > 复制三个同样的矩形，调整位置和大小。效果如图 2 – 35 所示。

图 2 –35

5. “我的”图标的制作

“我的”图标也需要在“主页”图标的页面上继续操作（页面大小为 750 × 1334px，标签栏大小为 750 × 98px）。

Step 01 选用矩形工具，创建一个 50 × 50 的矩形，无填充色，描边为 1 点，描边颜色为黑色，如图 2 – 36 所示。效果如图 2 – 37 所示。

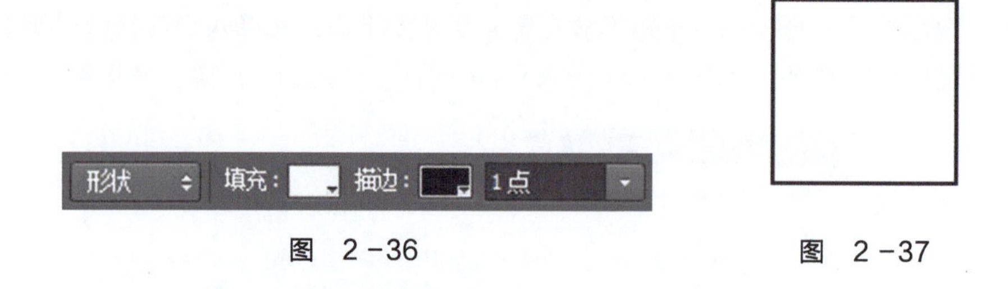

图 2 –36　　图 2 –37

Step 02 选用椭圆工具，设置颜色为 R45、G152、B98，无描边，在图像上绘制圆形（注意控制大小），如图 2 – 38 所示。

Step 03 使用相同的方法再次绘制一个圆形，如图 2 – 39 所示。

Step 04 选用矩形工具，在选项栏中选择“减去顶层形状”命令，可将建立的选区从原始的形状上减去。选用矩形工具，建立选区，减去多余的形状，结果如图 2 – 40 所示。

Step 05 将第一步绘制的矩形图层删除。最终效果如图 2 – 41 所示。

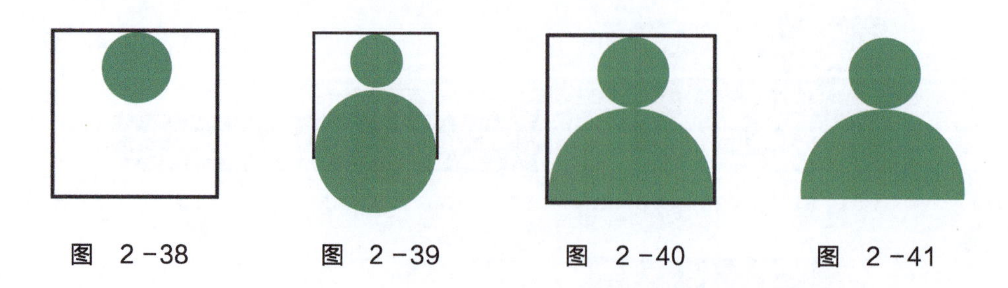

图 2 –38　　图 2 –39　　图 2 –40　　图 2 –41

2.2.4 任务评价

1）标签栏中的图标尺寸符合 iOS 系统的规范。

2）图标的设计是利用面性元素加色彩来表现的，符合正形图标的设计原则。

3）标签栏的图标整体统一，风格一致。

2.2.5　必备知识

设计时要熟练掌握 iOS 系统的二倍图设计尺寸（750 × 1334px），熟知标签栏的高度为 98 像素，图标大小在 50 像素左右。

设计时利用色彩和面性元素来展示正形图标，而且五个图标体现出圆角特点，整体风格一致。

2.2.6　触类旁通

1. 标签栏图标的元素界定

APP 中常使用的图标风格有两种：剪影和线性。

(1) 利用面性元素设计图标

剪影图标是通过面来塑造形象的图标，图 2－42 所示的图标就采用了剪影的设计形式，通过线或者面去切割基础轮廓面，通过分形来塑造图标的体积感。

图　2－42

(2) 利用线性元素设计图标

线性图标与剪影图标不同的是，线性图标通过线来塑造形体的轮廓。线也是一种面，只不过线是比较细的面。APP 的图标尺寸并不大，所以线不要过于复杂，因为在小面积中过多的线会对识别带来较大的困扰。线性图标示例如图 2－43 所示。

图　2－43

2. 图标的风格化

标签栏图标在设计过程中要注重风格化，其中的设计要素分为圆角和直角。

(1) 活泼的气质

大多数应用都属于这个类型，如常见的社交、娱乐、直播、美食，塑造的都是积极向上的活泼感觉，所以图标多会采用圆角设计。

图标设计选择圆角设计，从外观上就决定了风格化的统一，如图 2－44 所示。

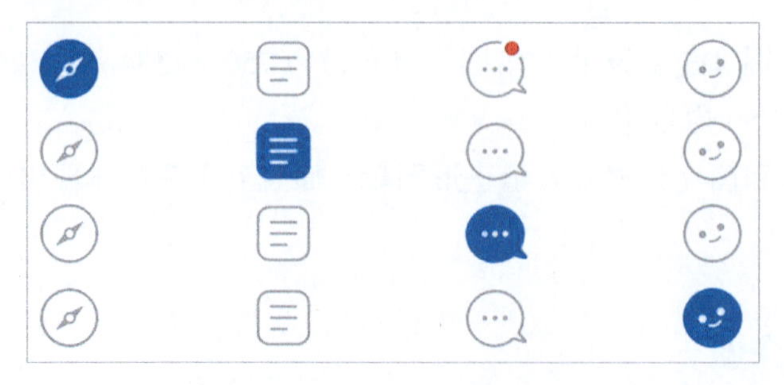

图 2－44

(2) 硬朗的气质

一些偏男性的应用会塑造一种棱角感，所以多采用直角设计。另外，一些商务应用也会采用直角设计，塑造一种严谨、安全的感觉。直角设计示例如图 2－45 所示。

图 2－45

3. 品牌基因在图标中的运用

(1) 品牌图形的整体应用

很多应用的 Logo 都是一个让人印象深刻的主图形，可以直接把这个 Logo 作为应用的“首页”模块图标使用。这样做的好处是，每次用户打开应用后，都会看到这个图形，反复加强了用户对应用 Logo 的印象。例如，大众点评、饿了么、花瓣、猫途鹰、网易云音乐等都提取了各自品牌图形，应用在 APP 底部“首页”模块上，如图 2－46 所示。

图 2－46

(2) 品牌颜色的使用

每个应用都应该有自己独特的品牌颜色，可以直接提取品牌颜色作为图标设计视觉元素。例如，闲鱼的品牌色是黄色（如图 2－47 所示），个人中心的图标提取了品牌的黄色，进行了图标设计，图 2－48 所示。

图　2－47

图　2－48

任务 3　负形图标的制作

2.3.1　任务情境

小明设计的标签栏正形图标得到了小组长的认可，现在组长让小明接着设计负形图标。

2.3.2　任务分析

负形图标是在正形图标的基础上进行修改，要把握两者之间的关系，需熟知标签栏正形与负形转换设计的方法，任务难度不大。

2.3.3　任务实施

接到任务后，小明开始了负形图标的设计。

1. “主页”图标的制作

Step 01　选用钢笔工具，将其属性改为形状，无填充颜色 ，描边为 3 点，颜色为#aaaaaa。

Step 02　选用钢笔工具，结合 <Ctrl> 键和 <Alt> 键，绘制带有圆角特点的图形，作为“主页”的负形图标，图形整体尺寸控制在 50 × 50px，如图 2－49 所示。

Step 03　使用橡皮擦工具，将形状图层栅格化，擦除相应的部分。最终效果如图 2－50所示。

图　2－49

图　2－50

2. “分类”图标的制作

“分类”的图标需要在“主页”图标的页面上继续操作（页面大小为 750 × 1334px，主菜单栏大小为 750 × 98px）。

Step 01 选用圆角矩形工具绘制出所需的形状，宽度和高度分别为 50 像素和 50 像素，圆角半径为 3 像素，无填充色，描边设置为 4 像素，颜色为#aaaaaa，如图 2 - 51 所示。

Step 02 使用相同的方法再绘制三个相同的圆角矩形，并运用“对齐”功能将四个圆角矩形放置整齐，如图 2 - 52 所示。

Step 03 选用橡皮擦工具，将形状图层栅格化，并擦除相应的部分。最终效果如图 2 - 53所示。

图 2 - 51　　图 2 - 52　　图 2 - 53

3. “视频”图标的制作

Step 01 绘制矩形。选用圆角矩形工具，设置填充为无，描边粗细为 4 像素，颜色为灰色（R85、G87、B86），设置矩形宽度和高度分别为 50 像素和 50 像素，半径为 5 像素，绘制矩形。

Step 02 给矩形做缺口。栅格化圆角矩形图层，选用橡皮擦工具，在工具属性栏将橡皮擦大小调到 13、硬度为 100%。选中下方硬边圆，擦除多余部分。

Step 03 添加三角形。选用钢笔工具，设置填充为无，描边为灰色（R85、G87、B86），粗细为 4 像素，绘制圆角三角形。最终效果如图 2 - 54 所示。

4. “题库”图标的制作

Step 01 绘制圆角矩形。选用圆角矩形工具，设置填充为无，描边为 4 像素，描边颜色为#a6a6a6，圆角半径为 6 像素，绘制圆角矩形如图 2 - 55 所示。

Step 02 减去多余的形状。选用矩形工具，设置描边为 4 像素，描边颜色为# a6a6a6，填充为无。选择“减去顶层形状”命令，将建立的选区从原始的形状上减去。最终效果如图 2 - 56所示。

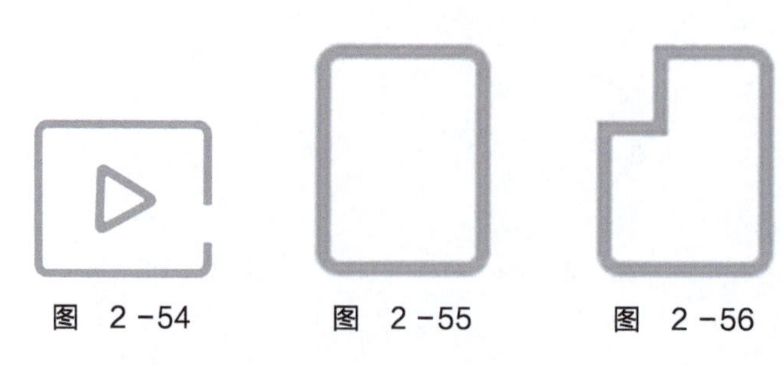

图 2 - 54　　图 2 - 55　　图 2 - 56

Step 03 添补斜线。选用矩形工具，设置描边为4像素，描边颜色为#555756，填充为无。在图像上绘制矩形，调整方向和大小，结果如图2－57所示。

Step 04 添加矩形。选用矩形工具，设置前景色为#555756，在图像上绘制矩形。按<Ctrl＋J>组合键，再复制三个同样的矩形，调整位置和大小。最终效果如图2－58所示。

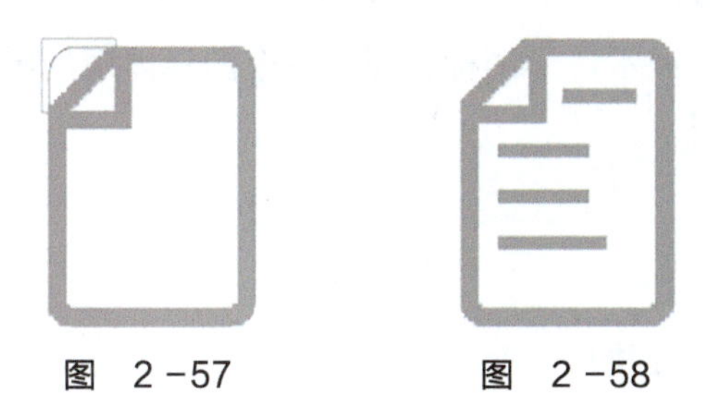

图 2－57　　图 2－58

5. “我的”图标的制作

Step 01 绘制矩形，用以限制图标的大小。选用矩形工具，创建一个78×78px的矩形，填充为无，描边为黑色，粗细为1px，结果如图2－59所示。

Step 02 绘制小椭圆。选用椭圆工具，按<Shift＋Alt>组合键绘制一个圆形。填充为无，描边为灰色（#555756），粗细为4px。效果如图2－60所示。

Step 03 绘制大椭圆。选用椭圆工具，按<Shift＋Alt>组合键再绘制一个圆形。填充为无，描边为灰色（#555756），粗细为4px。效果如图2－61所示。

Step 04 减去大圆的多余部分。栅格化图层，选用橡皮擦工具，选择实心圆，擦掉下方形状。效果如图2－62所示。

Step 05 继续擦除不需要的部分，线性图标完成。删除限制图标大小的矩形。最终效果如图2－63所示。

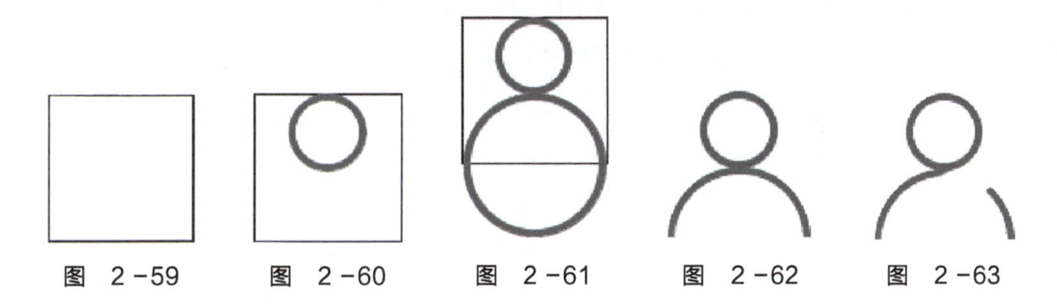

图 2－59　　图 2－60　　图 2－61　　图 2－62　　图 2－63

2.3.4 任务评价

1）标签栏中的图标尺寸符合iOS系统的设计规范。

2）从形式上符合负形图标的规范。

3）能利用线性元素加色彩来表现默认状态。

4）标签栏的图标整体统一，风格一致。

2.3.5 必备知识

设计时熟练掌握了 iOS 系统的二倍图设计尺寸（750×1334px），熟知标签栏的高度为 98px，图标大小在 50px 左右。

设计时利用线性元素来展示负形图标，而且五个图标体现出圆角特点，并对图标做断线处理，整体具有统一的风格。

2.3.6 触类旁通

APP 主菜单栏图标的设计技巧。

1. 单纯使用颜色的变换

当图标选择剪影或者线性的设计形式时，图标激活状态为一种颜色，这个颜色一般选择使用这个 APP 的品牌色，其他的图标为灰色，而图标的设计形式不做任何变化，如图 2－64 所示。

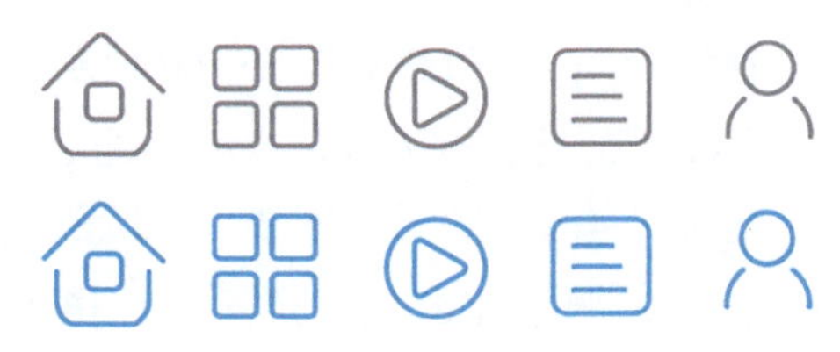

图 2－64

2. 使用设计形式＋颜色变换

激活的图标设计为剪影的形式，未激活的图标设计为线性的形式。这样选中和未选中的图标除了有颜色的变化之外，还有设计形式的变化，如图 2－65 所示。

首页 分类 发现 购物车 我的
首页 分类 发现 购物车 我的
首页 分类 刷新 购物车 我的
首页 分类 发现 购物车 我的
首页 分类 发现 购物车 我的

图 2－65

3. 设计形式不变 + 色彩面元素

未激活的图标使用线性图标的表现方式，激活的图标在线性的基础上，添加带有典型色彩的面元素，如图 2 - 66 所示。这是目前图标设计的新形式。

图　2 - 66

4. 动画的切换

一些 APP 的标签栏图标会有一些动画效果，这使得设计更加具有趣味性。例如，淘宝 APP 采用的就是一种常见的动画效果，即单击图标时，图标会有一个由小放大的抖动效果，如图 2 - 67 所示。

图　2 - 67

另外，还有一些 APP 采用更加复杂的设计效果。例如，优酷 APP 标签栏的图标，除了有基本的大小抖动之外，每个图标的内部填充元素也有一个动画效果，如“发现”图标除了有填充外，还会有一个旋转效果，再如“星球”图标，内部的填充线会有一个从左到右的填充效果，如图 2 - 68 所示。

图　2 - 68

任务4　总结功能型图标的设计方法

2.4.1　任务情境

小明完成了标签栏图标设计之后，终于可以松口气了。就在今天，组长找到小明，对小明的图标设计提出表扬，并安排给小明一个新的任务。因为面试时听小明说过，自己的总结能力很强，所以想让小明通过分析各个 APP 软件中的功能型图标，做出功能型图标设计方法的总结。

2.4.2　任务分析

此任务需大量搜集功能型图标，对这些功能型图标的设计方法进行分析总结，难度一般。

2.4.3　任务实施

接到任务后，小明开始搜集功能型图标，对其设计方法进行分析，争取完美地完成任务。

1. 功能型图标的概念

功能型图标是指具有指代意义且具有功能标识的图形。它不仅是一种图形，更是一种标识，它具有高度浓缩、快捷传达信息、便于记忆的特性。

功能型图标的设计形式可以分为面性图标、线性图标、圆角图标、直角图标、断点图标、不透明度图标、双色图标、结构图标、一笔图标等。每种类型的图标的设计点不同，可形成不同的效果。图 2－69 ~ 图 2－73 是各 APP 中不同设计点的功能型图标。

图　2－69

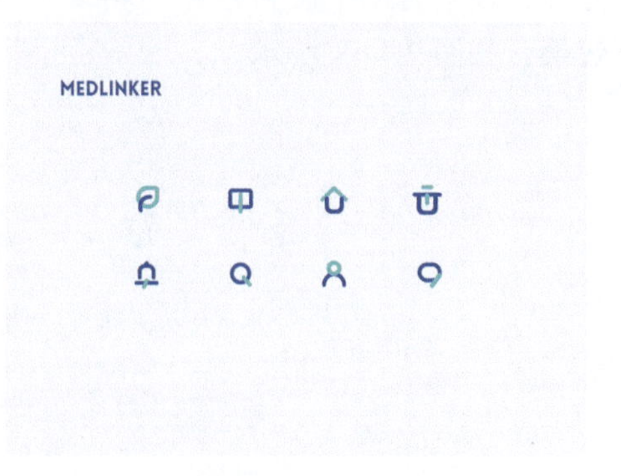

图　2－70

图　2-71

图　2-72

图　2-73

2. 如何合理地设计功能型图标

(1) 头脑风暴

以旅游为主题进行头脑风暴，可以想到出行工具、美食、拍照、情侣等。再对出行工具进行扩展联想，可以想到汽车、高铁、飞机等；说到情侣就会想到车票、包包、行李箱、护照等。通过头脑风暴，想到了很多与主题相关的关键词，如图2-74所示。

(2) 搜集资料

搜集资料首先要提取关键词。具象的事物可以参考该品牌公司好的产品，因为品牌公司的工业设计相对较好，对下一步提取元素也会有很大的帮助。提取好关键词后，在网上进行相关搜索。

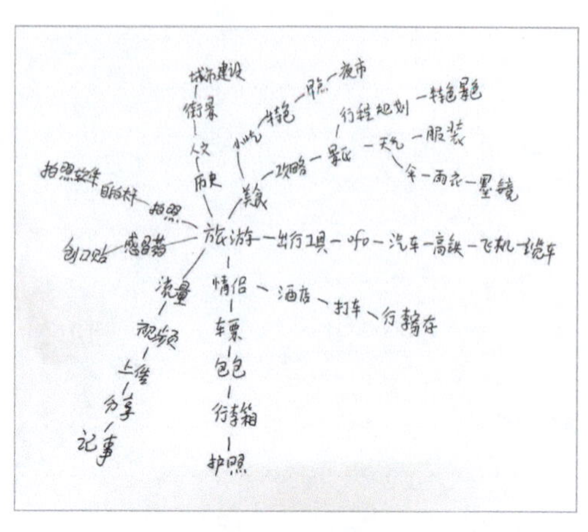

图 2-74

（3）提取元素

提取元素是指当我们看到一个比较具象的物体时，可以提取具象物体的轮廓线，用概括的设计方法来表现物体的特点。图 2-75 所示的就是对缆车提取元素。

（4）规范化

提取好元素后，需要确定一种图标风格进行绘制。开始绘制的时候要根据物体本身的特点，运用更合适的方法表示图标风格，例如使用线面结合、圆角和断线等方法。

（5）加减法

一套图标绘制好了之后，还要将所有的图标放在一起，看一下整理的感觉，最后通过加减法适当地进行修改。对于视觉上过于烦琐的图标要在保留大轮廓的同时减少结构，达到视觉平衡；对于确实很简单但又没办法添加的，可以适当进行放大以增加它的视觉丰满感。加减法示例如图 2-76 所示。

图 2-75

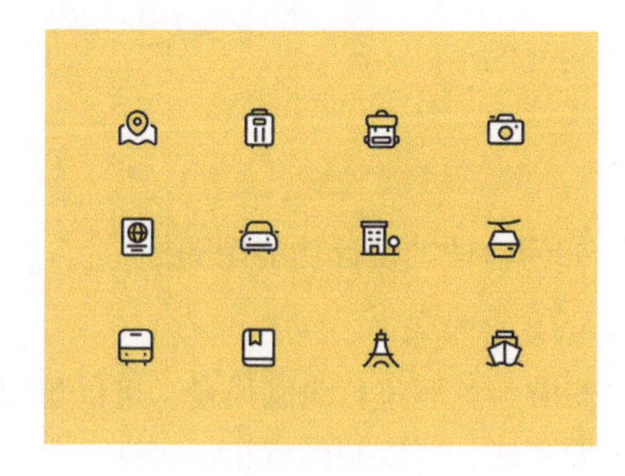

图 2-76

2.4.4 任务评价

能够收集功能型图标范例并完成设计方法总结。

项 目 3

iOS 移动端界面设计

职业能力目标

- 掌握 iOS 移动端界面设计规范
- 掌握移动端配色方法
- 掌握移动端界面设计中字的使用规范
- 掌握一级页面的制作方法
- 掌握内容详情页面的制作方法
- 掌握登录和注册页面的制作方法
- 掌握弹窗的制作方法
- 能绘制 APP 界面的架构图
- 能绘制 APP 界面的原型图

任务 1　制作 APP 界面首页

3.1.1　任务情境

小明接到设计师老师的通知，要设计一个 APP 的首页。这个 APP 已经确定好功能定位和架构图，且有了页面的原型图。设计老师告诉小明只需要按照 iOS 二倍图的设计规范，设计 UI 界面，并且给小明几张同类型 APP 首页作为参考。

3.1.2　任务分析

目前，有两大主流手机操作系统，分别是苹果公司的 iOS 和谷歌公司的 Android 系统。在 UI 设计公司，设计师设计 APP 手机界面，一般按照 iOS 二倍图的尺寸（750×1334 像素）来设计，一稿适配。UI 设计不同于艺术设计，艺术设计是感性的，UI 设计是理性的，艺术设计所表达的是设计者的个人意识，而 UI 设计是为了解决用户具体的问题。

小明所接任务 APP 首页的原型图如图 3－1 所示，首页参考图片如图 3－2～图 3－4 所示。

图　3－1

图　3－2

图 3-3

图 3-4

3.1.3 任务实施

扫码看视频

Step 01 按组合键 < Ctrl + K >，打开“首选项”对话框，在“常规”选项卡中选中“用滚轮缩放”复选框，如图 3-5 所示。

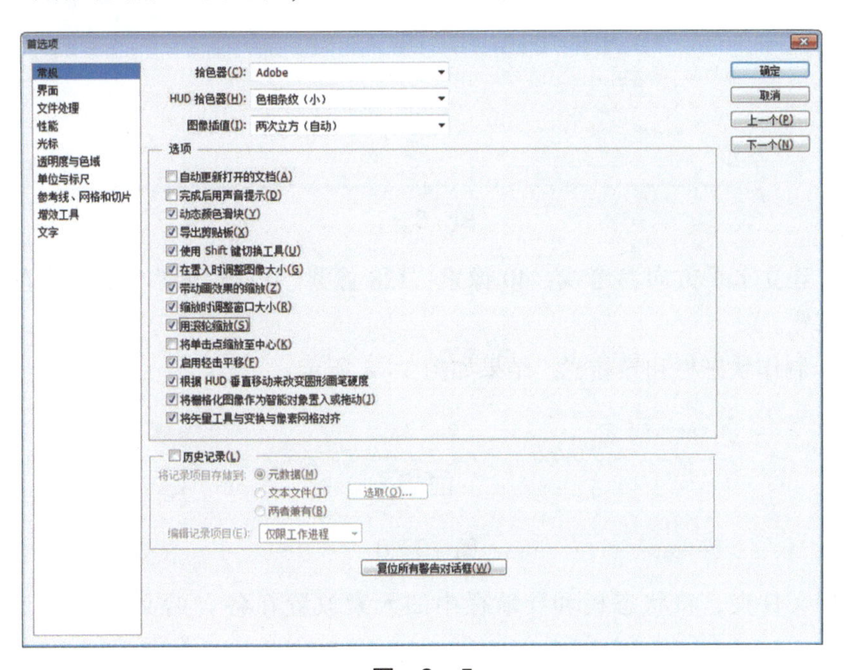

图 3-5

在“单位与标尺”选项卡中，设置标尺为像素、文字为像素、屏幕分辨率为72像素/英寸，如图3－6所示。

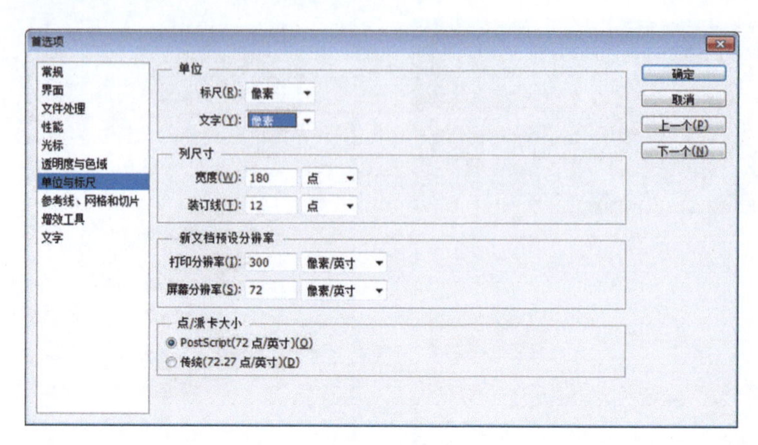

图 3－6

Step 02 新建文件“1首页.psd”，大小为750×1334px，分辨率为72像素/英寸，背景内容为白色，如图3－7所示。

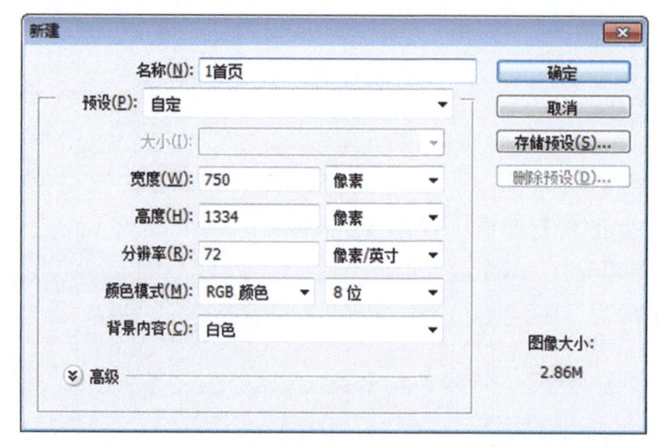

图 3－7

Step 03 建立水平方向参考线：40像素、128像素、1236像素。预留状态栏、导航栏和标签栏的位置。

Step 04 制作状态栏和导航栏。结果如图3－8所示。

图 3－8

建立图层文件夹，将状态栏和导航栏中的元素放置在各自的文件夹中，并注意图层顺序。

使用绘制形状工具绘制宽度为 750 像素、高度为 128 像素的矩形，填充为白色，描边为无，将其作为状态栏和导航栏。在素材文件中拖入状态栏的电源信号等素材图片。

制作导航栏中的信息。导航栏文字大小选择 36 像素，字体为苹方，消除锯齿的方法设为平滑或浑厚如图 3－9 所示。

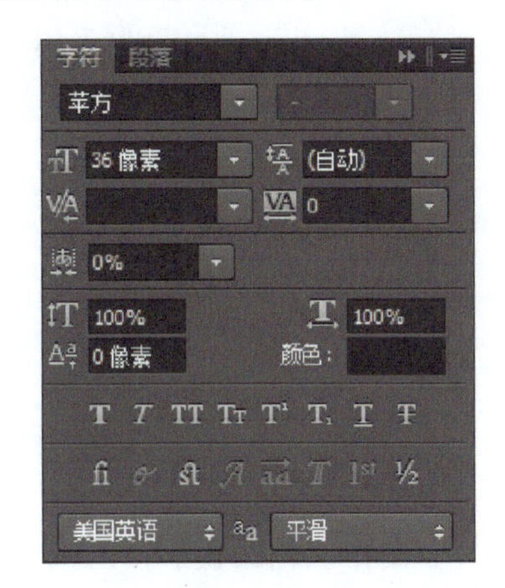

图　3－9

在导航栏下边缘绘制一条 1 像素高的浅灰色细线。

Step 05　制作标签栏。

绘制宽 750 像素、高 98 像素的矩形作为标签栏的背景，填充为白色，描边为无。拖入所需图标，输入文字。标签栏是手机 APP 界面中最重要的分类，是一级菜单。设计手机 APP 界面时要考虑到人们的操作习惯，标签栏之所以放置在最下端，是为了方便单手拇指操作。

图标大小设置在 40～50 像素之间，字体设为苹方，字号为 20 像素。要按照字号和图标的大小计算高度，设置水平方向参考线。

在标签栏上边缘绘制一条 1 像素高的浅灰色细线。

Step 06　制作内容区域。

需要注意的是，内容区域在图层顺序上处于标签栏与状态栏的下方。

移动端 APP 界面使用的图片要经过处理，根据需要，按组合键 <Ctrl + L> 打开“色阶”对话框，按图 3－10 所示调整色阶设置。

按组合键 <Ctrl + M> 打开“曲线”对话框，按图 3－11 所示调整曲线设置。

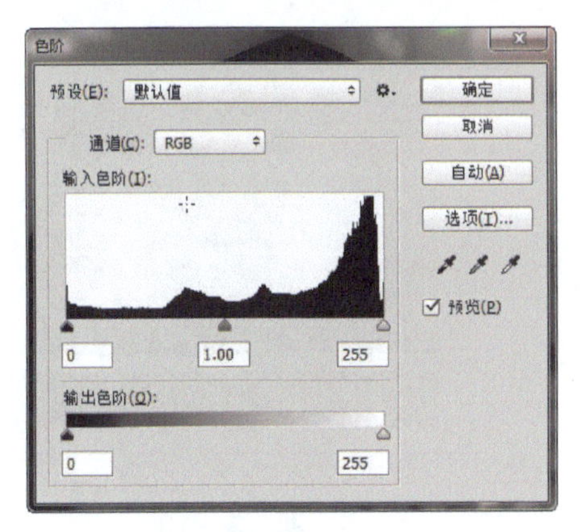

图　3－10

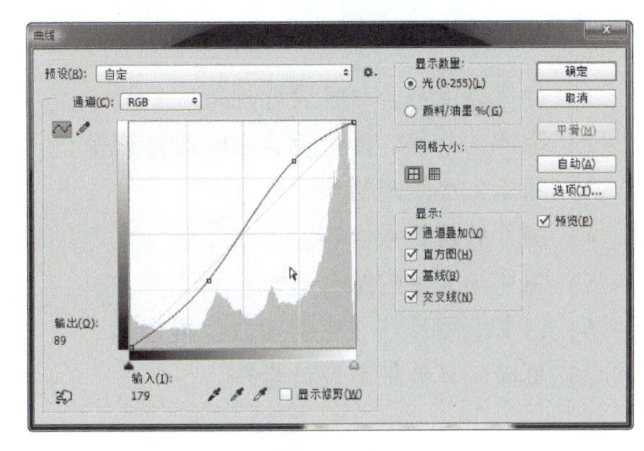

图　3－11

按组合键 <Ctrl + U> 打开“色相/饱和度”对话框，按图 3－12 所示调整色相和饱和度设置。

在图片上放置白色文字。图片加局部遮罩，遮罩选择黑色透明。

绘制搜索框。绘制白色圆角矩形，高度为 60 像素，文字大小为 28 像素。搜索框上下要留有足够的宽度作为手指触摸操作的热区。

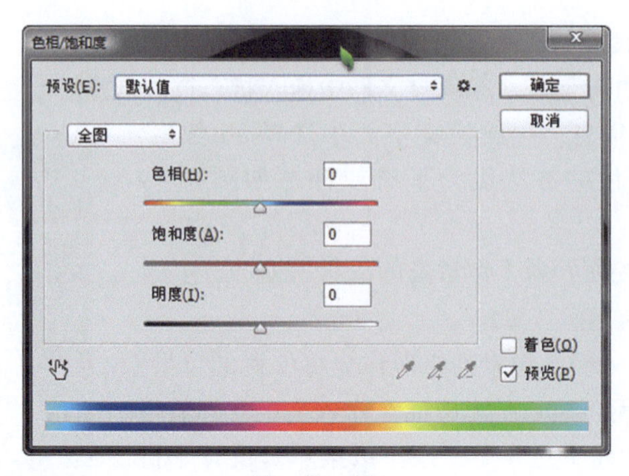

图 3-12

制作“精品教学”区域。图片是需要左右滑动的，所以屏幕显示的最后一张图片要放置不完整图片，让使用者能明确知道有未展示的内容，可以左右滑动。图片排列整齐，图片之间的距离要相同。放置在白卡上的图片和文字要注意图片与白色卡片上、下、左、右边缘的距离，不能太拥挤。

Step 07 制作背景颜色区域。

使用浅灰色。设置前景色为#eeeeee，在图层面板中选择“背景”图层，按组合键<Alt+Del>填充前景色。

最终效果如图 3-13 所示。

图 3-13

3.1.4 任务评价

1）各栏高度符合 iOS 设计规范。
2）字体、字号、颜色符合 iOS 设计规范。
3）图标大小距离恰当。
4）图片处理效果恰当。
5）图片与文字的结合适宜。
6）白卡上图片与文字的摆放位置合适。
7）页面的其他细节设计合理。

3.1.5 必备知识

1. 二倍图的名称由来

从 iPhone 4 开始使用 Retina 屏幕，也就是 HD 显示屏，市场上有普通屏和高清屏两种屏，现在在 iOS 界面开发中，就需要在应用中放置三套图：一套是普通屏的，另外两套是高清屏的。高清屏图片的命名方式为@2x. png、@3x. png。iPhone 4 以前，如 iPhone 4、iPhone 3 等都使用普通屏的图，4s、5/5s/5c、6/6s、7 使用二倍图，6p/6sp/7p 使用三倍图。几倍图的倍数主要指的是设计稿里每个元素的数值的倍数。如一倍图中宽度1、高度1、字体大小1、间距1，那么二倍图就是宽度2、高度2、字体大小2、间距2，三倍图就是宽度3、高度3、字体大小3、间距3。

2. iOS 手机界面设计尺寸

随着 iOS 版本的更新换代，UI 设计师需要牢记的数值也越来越多。表3－1列出的是目前市面上比较常见的几款 iOS 手机界面的设计尺寸。

表 3－1

设备	UI 尺寸（像素）
iPhone 11Pro	1125×2436
iPhone XR/11	828×1792
iPhone X	750×1624
iPhone 8p/7p/6p/6sp	1242×2208
iPhone 8/7/6/6s	750×1334
iPhone 5/5c/5s/SE	640×1136
iPhone 4/4s	640×960
iPhone & iPod Touch 第一代、第二代、第三代	320×480

在实际项目中，UI 设计师基本上不会为每一种分辨率单独设计一套界面。大多数情况下，都是在 iOS 二倍图的基础上进行设计，然后再适配二倍图界面上的尺寸，进行放大或者缩小。

3. iOS 手机界面中各功能栏及其尺寸

iOS 手机界面中的功能栏主要有：状态栏、导航栏、标签栏、工具栏。每个功能栏都有规定的外观、功能和行为，主要是传达与上下文情景相关的信息，展示用户在应用中所处的位置，同时还包含相关的导航功能。

1）状态栏：显示在屏幕的最上方，栏中包含信号、运营商、电量等信息。在 iOS 二倍图中，其高度为40像素。当运行游戏程序或者全屏观看媒体文件时，状态栏会自动隐藏。

2）导航栏：显示当前界面的标题信息，包含相应的功能或者页面间的跳转按钮。在 iOS 二倍图中，其高度为88像素。

3）标签栏：是页面的主菜单，用于切换一级页面，提供整个应用的分类内容的快速跳转。在 iOS 二倍图中，其高度为98像素。

4）工具栏：放置一些与当前界面视图相关的操作按钮，用来操纵当前视图的内容。在 iOS 二倍图中，其高度为88像素。

iOS 各分辨率下的各功能栏高度见表3－2。

表 3-2

设备	UI 设计尺寸（像素）	状态栏高度（像素）	导航栏高度（像素）	标签栏高度（像素）
iPhone X	750 × 1624	40	88	98
iPhone 8p/7p/6p/6sp	1242 × 2208	60	132	146
iPhone 8/7/6/6s	750 × 1334	40	88	98
iPhone 5/5c/5s/SE	640 × 1136	40	88	98
iPhone 4/4s	640 × 960	40	88	98
iPhone & iPod Touch 第一代、第二代、第三代	320 × 480	20	44	49

4. 状态栏和导航栏设计注意事项

在 APP 界面设计中，状态栏一般和导航栏背景颜色一致，并且需要和内容区域区分开，目前较常用的方法有两个：方法一是在导航栏下边缘绘制一条 1 像素高的浅灰色细线；方法二是给状态栏的矩形背景加图层样式“投影”。打开“图层样式”对话框（如图 3－14 所示），进入“投影”选项卡，设置不透明度为 20%，角度为 90 度，取消选中“使用全局光”复选框，设置距离为 2 像素，扩展为 0%，大小为 4 像素。“距离”和“大小”的数值可以更小，但不能过大。

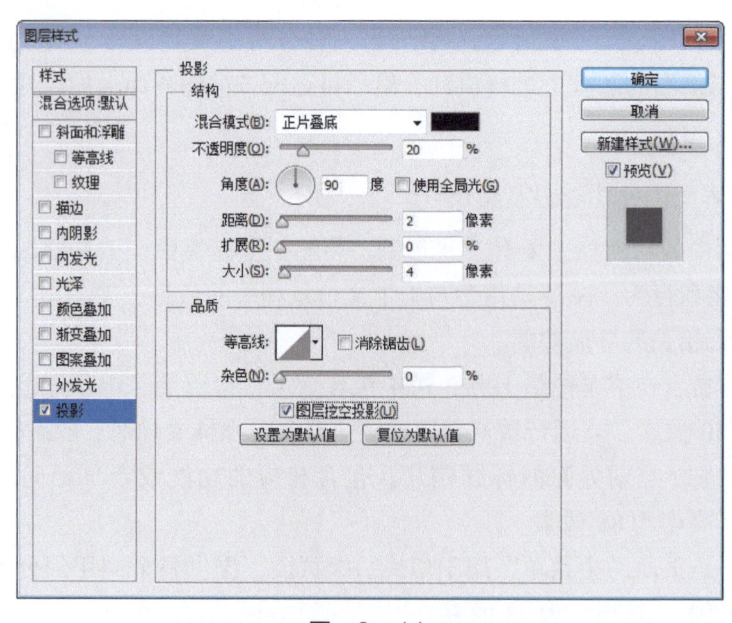

图 3-14

导航栏中文字的字号一般为 32 ~ 44 像素，只选择偶数大小，如 32、34、36、38、40、42、44，不使用单数字号。字体为苹方或者黑体，颜色可以选择深灰色（#333333）。当使用无衬线字体时，不能使用“微软雅黑”。消除锯齿的方法一般为平滑或浑厚。

5. 标签栏设计注意事项

标签栏所使用的字号是整个页面中最小的，一般使用20像素，最小使用18像素。字体一般选用“苹方”或者“黑体”等无衬线字体，不能使用微软雅黑。

标签栏的图标大小为40~50像素，44像素左右是比较常用的数值。并且在正常状态下正、负形图标不能混用。如果正常态使用负形图标，那么可以使用正形，或者使用主色来表示图标的选中状态。

在iOS的APP界面设计中，标签栏最多可以放置5个图标，有时候放置3或4个，图标之间的距离要相同。因此，需根据图标的大小和个数，以及一级图标距离边界的距离，计算好数值，设置垂直方向的参考线。

标签栏和内容区域需要区分开，目前常用的方法有两个：方法一是在标签栏上边缘绘制一条1像素高的浅灰色细线；方法二是给标签栏的矩形背景加图层样式“投影”。打开“图层样式”对话框（如图3-15所示），选择“投影”选项卡，设置不透明度为20%，角度为-90度，取消选中“使用全局光”复选框，设置距离为2像素，扩展为0%，大小为4像素。“距离”和“大小”可以选择更小的数值，但不能过大。

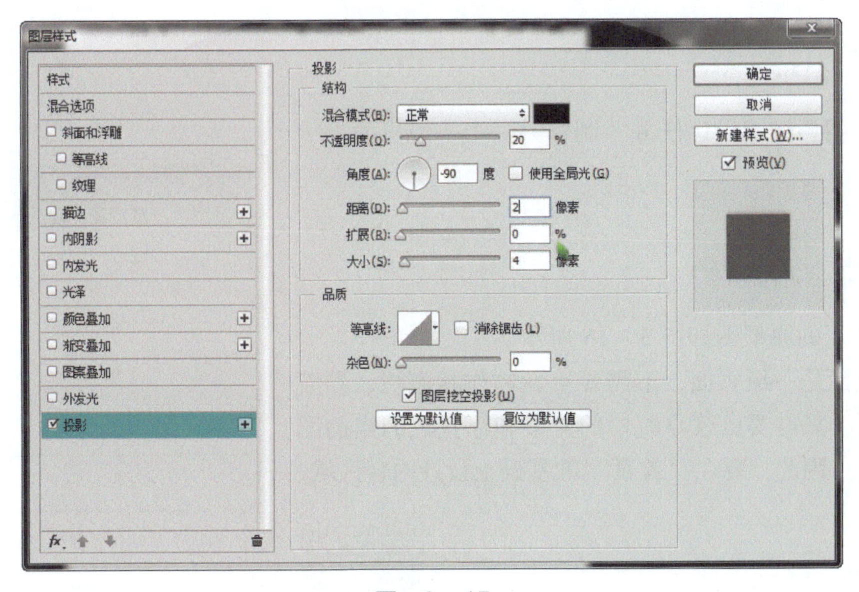

图 3-15

6. 其他APP界面设计注意事项

1）在移动端APP界面设计中，一般不使用纯黑色（#000000），多使用深灰色（#333333）。

2）在图片上放置文字时，如果放置白色文字，文字不清晰，有两种解决方法：一是给图片加局部遮罩，遮罩选择黑色透明；二是给文字加投影。

3）在二倍图中，搜索框高度一般为 58 ~ 65 像素，60 像素左右是比较常用的。搜索框中的文字大小一般为 26 ~ 28 像素。搜索框一般使用圆角矩形。搜索框上下要留有足够的宽度作为手指触摸操作的热区。

4）移动端 APP 界面的背景色经常使用的是浅灰色（#eeeeee），或者与这个颜色邻近的颜色。

5）所有页面的左、右边界距离都要一致，一般为 16 ~ 24 像素，要提前预留。

6）图片素材要经过处理，可以采用调整色阶、曲线及亮度和饱和度的方法。

3.1.6 触类旁通

通过“制作 APP 界面首页”任务的实施，大家了解了 iOS 二倍图、设置文件的大小、页面必要的组成部分、各功能栏的高度规范、文字的字体和字号及颜色的使用规范、图片的处理方法、白卡的使用方法。现在读者可以设计一张自己的 APP 界面首页了，题材不限。

任务 2 设计一级页面“分类”

3.2.1 任务情境

今天小明要继续设计任务，制作另一个一级页面——“分类”。

3.2.2 任务分析

分类页面的原型图如图 3 – 16 所示。

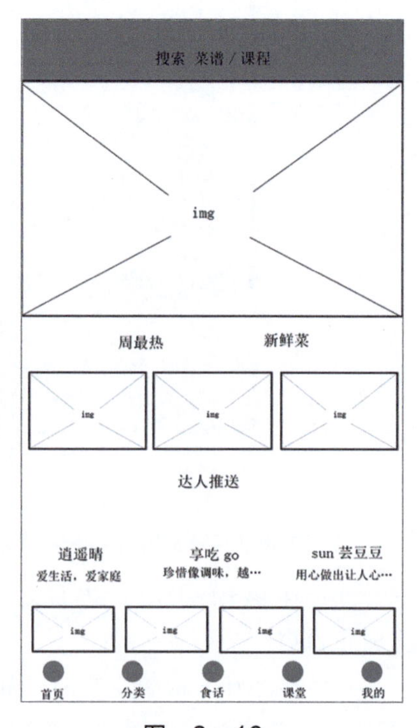

图 3 – 16

这个页面是一级页面，不需要重新制作状态栏、导航栏和标签栏，只需要更改导航栏的文字和标签栏的当前图标就可以了。因此，要在“首页”的基础上设计内容区域。

3.2.3 任务实施

扫码看视频

Step 01 打开文件“1 首页 . psd”另存为“分类 . psd”。

在图层面板中保留“状态栏”“导航栏”和“标签栏”图层，删除其他图层。

Step 02 删除状态栏文字“首页”，更改标签栏当前图标为“分类”。结果如图 3 – 17 所示。

根据设计的页面内容计算好尺寸，设置水平方向和垂直方向的参考线。

Step 03　绘制搜索框。

选择圆角矩形工具绘制搜索框，颜色为浅灰色，宽度为 690 像素，高度为 50 像素。输入文字字号为 22 像素，字体为苹方或者黑体，消除锯齿的方法为平滑或者浑厚，颜色色值为#bbbaba 的浅灰色，这是一个比搜索框颜色（#eeeeee）略深的灰色。选择方法是：在拾色器中以搜索框背景色#eeeeee 为基础，吸取往左下的颜色，如图 3－18 所示。

图　3－17

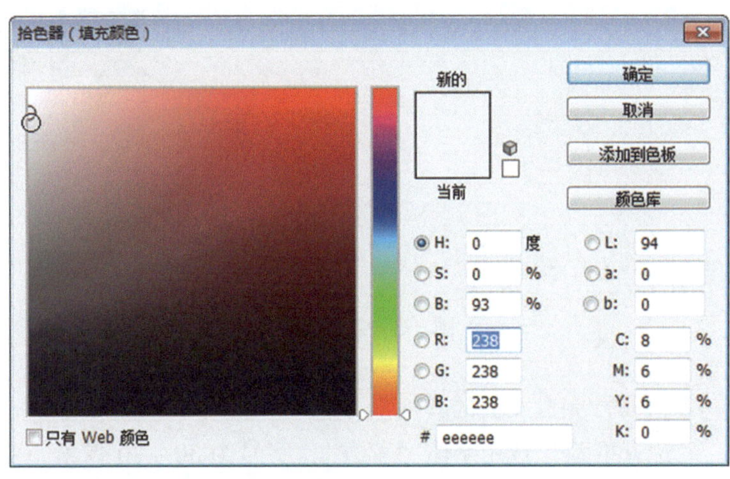

图　3－18

在这个页面中将搜索框绘制在导航栏的位置。搜索框作为一个工具，其实就是将导航栏变为了工具栏。在 iOS 二倍图中，工具栏的高度规定为 88 像素。

绘制结果如图 3－19 所示。

图　3－19

Step 04　制作 banner 部分。

制作 banner 的关键是图片的选择与处理，调整“曲线”，以及文字的选择与搭配。banner 中的文字在切图的时候是作为图片来处理的，因此可以选择任何适合的字体和字号，不受 iOS 规范的限制，但要选择辨识度高的字体，一般使用无衬线字体。如果选用白色的文字，还可以给图片上加一个图层，填充黑色，调整透明度。制作结果如图 3－20 所示。

Step 05　制作“分段控件”。

分段控件是移动端导航中的一种，也叫 Tab 控件。分段控件可以包含两个或者更多的分段选项，每一个选项作为一个独立的按钮而存在。在一个分段控件里，所有的分段选项在长度上要保持一致。制作的分段控件及分段选项内页面内容效果如图 3－21 所示。

图 3-20

图 3-21

Step 06 完成页面的其他部分。

“达人推荐”选用字体“苹方”，字号为30~40像素，颜色可以选择深灰色（#333333）；达人名字使用的字号比“达人推荐”小2~4个像素，颜色为中灰色（#666666）；达人名字下方的注释性文字选用字号为22或24像素，颜色为浅灰色（#999999）；所有文字的消除锯齿的方法选择平滑或浑厚。效果如图3-22所示。

分段控件内容和“达人推荐”内容以及下方图片的内容分别放置在白卡上，要注意白卡之间的距离要相等。白卡上图片之间的距离，以及图片距离白卡上、下边缘及左、右边缘的距离相等，可以使用剪贴蒙版来完成。

图 3-22

3.2.4 任务评价

1）标签栏更改当前图标完成。
2）文字的字体、字号、颜色的设置符合iOS规范。
3）分段控件的制作合规。
4）图片处理效果正确。
5）banner的设计合理。
6）剪贴蒙版的使用合理。
7）页面的其他细节处理妥当。

3.2.5 必备知识

1）在移动端界面设计中，备注性文字常用的颜色是浅灰色（#999999）。如果需要比这个颜色略深，选择方法是在“拾色器”对话框中选取比#999999往左下半个圈的颜色；如果需要比这个颜色略浅，就选取往右上半个圈的颜色。

2）分段控件是移动端导航中的一种，也叫Tab导航。和按钮一样，每个分段选项可以包含文案或者图片。分段控件通常用来作为不同视图的入口。例如，在健身APP中，分段控件可以让用户在“体重”“脂肪”和“肌肉”等视图间切换。分段控件实例如图3－23～图3－25所示。

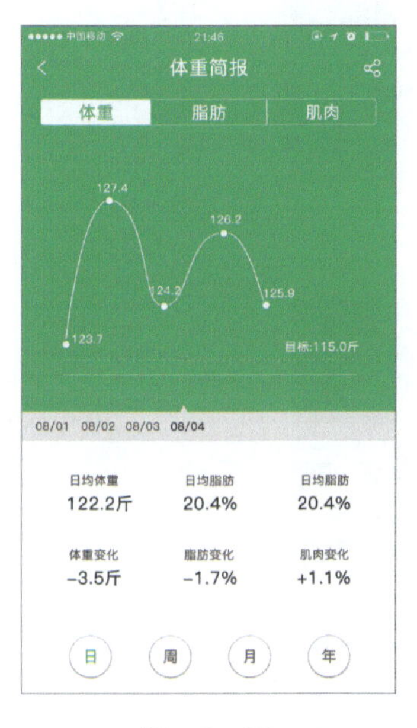

图 3－23

图 3－24

图 3－25

关于分段控件的使用，iOS规范给出了以下几个要点。

①限制分段选项的数目，以提高可用性。更宽的分段选项更容易被点击。在iPhone上，建议一个分段控件最多包含5个分段选项。

②尽量保证每个分段选项里的内容的尺寸是一致的。因为所有的分段选项在长度上需要保持一致，所以如果有的分段选项内容很满，而有的比较空，在视觉上会不太美观。

③在一个分段选项里，避免同时使用文案和图片。尽管单个分段选项里可以包含文案或者图片，但是同时包含两者可能会使界面看起来混乱。

④分段控件是不能通过划动来切换的。

3）剪贴蒙版的使用。同一类的图片不仅距离要相等，图片的大小也要相等。除了可以使用组合键＜Ctrl＋T＞进行等比例变形外，还可以使用“剪贴蒙版”。具体操作为：将绘制矩形形状的图层放置在图片图层的下方，按住＜Alt＞键，单击图层面板中两个图层之间，这样就可以用下面图层的矩形来限制上面图层中图片的大小和形状。只要在图层面板中复制形状图层，移动到每一个图片图层下方，在画布中移动矩形的位置，便可使用同一矩形制作剪贴蒙版。图 3 - 26 所示为使用剪贴蒙版前的效果，图 3 - 27 所示为使用剪贴蒙版后的效果。

图　3 -26

图　3 -27

4）banner 图中的文字要使用无衬线字体或辨识度高的字体。

5）文字的主次区分方法：大小对比、颜色对比、文字加框、文字加色块铺底等。

6）白色文字减弱的方法：使用白色加透明度。

3.2.6　触类旁通

通过制作一级页面任务的实施，巩固了对 iOS 规范的理解，学习了分段控件的设计方法、文字的主次区别方法、剪贴蒙版的使用技巧。现在设计自己的 APP 首页外的一级页面吧，也可尝试使用各种不同形式的“分段控件”和“白卡”。

任务 3 设计内容详情页

3.3.1 任务情境

小明这回的任务是设计美食类 APP 的内容详情页——“美食直播课堂”。

3.3.2 任务分析

内容详情页原型图如图 3－28 所示。

内容详情页不是一级页面，不包含标签栏，并且导航栏有“返回”和“分享”按钮。其设计重点在于文字的使用，尤其是 iOS 规范下的正文文字。

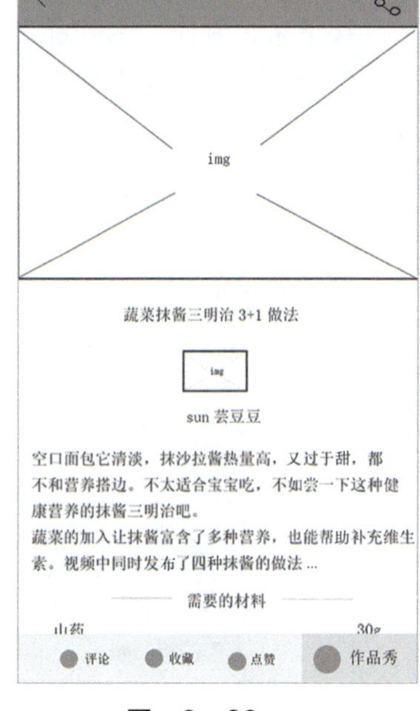

图 3－28

3.3.3 任务实施

扫码看视频

Step 01 打开已有“首页”页面文件。删除标签栏及页面内容部分，删除导航栏的文字。

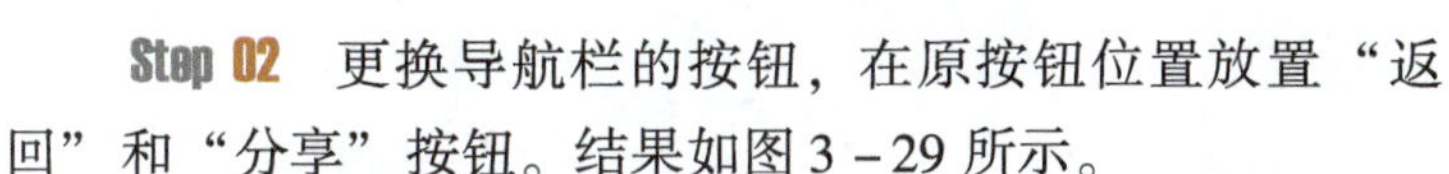

Step 02 更换导航栏的按钮，在原按钮位置放置“返回”和“分享”按钮。结果如图 3－29 所示。

有些按钮，例如表示“我的”“设置”“分享”“返回”等，已经有约定俗成的大家都理解的按钮形状了，不能随意更改。

Step 03 制作视频窗口部分。

建立图层文件夹，将视频窗口部分放置在同一图层文件夹中。

放置图片，并调整“曲线”。

制作视频播放按钮。放置“点赞”和“星级”的图标和文字，这里的文字属于备注型文字，字号选择 22 或 24 像素，字体为苹方，消除锯齿的方法为平滑或浑厚。

制作效果如图 3－30 所示。

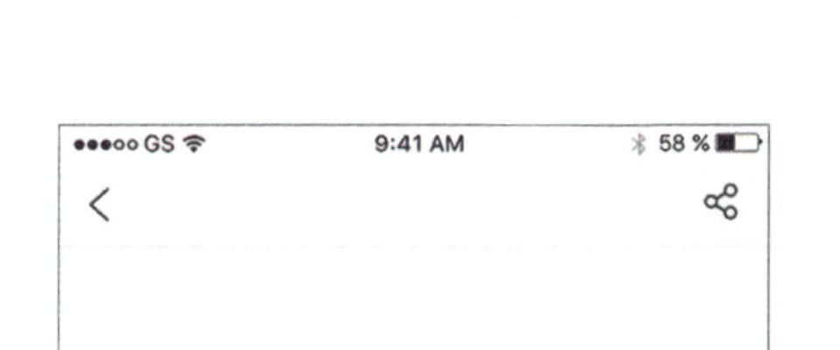

图 3－29

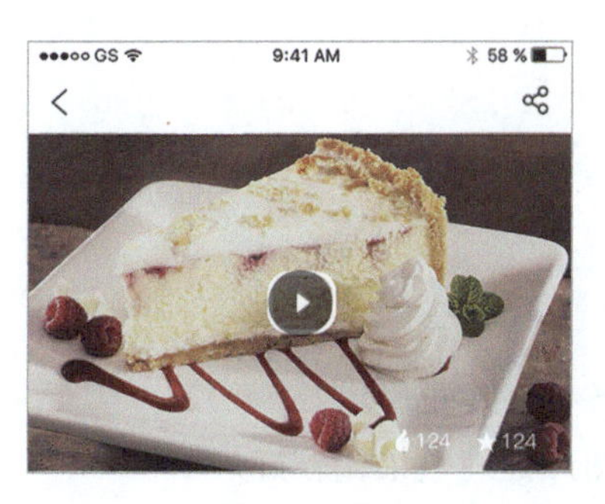

图 3－30

Step 04 制作文字部分。

首先，建立图层文件夹，将文字部分的图层放置在同一图层文件夹中。然后，输入标题文字。再使用“剪贴蒙版”的方法制作作者头像，并制作小点缀。最后，输入正文内容。

制作效果如图 3 –31 所示。

Step 05 制作工具栏部分。

首先，绘制 88 像素高的矩形，填充为白色，无描边。图层样式中设置 –90°的小投影。

然后，添加图标和文字。因为“收藏”是需要强调的，希望用户最先看到，因此使用了红色。

接下来，制作“秀作品”按钮。

最后，建立图层文件夹，将工具栏部分的图层放置在同一文件夹中。需注意工具栏部分的图层位置。

这个页面是长页面，因此要表现出首屏显示的不完整性。操作方法是：使工具栏盖住部分文字。

制作效果如图 3 –32 所示。

图 3 –31

图 3 –32

3.3.4 任务评价

1）各栏高度正确。

2）图片处理效果比较好。

3）图标使用合理。

4）各级文字字体、字号、颜色、消除锯齿方法、间距符合规范要求。

5）图层顺序正确。

6）图层文件夹的使用正确。

3.3.5 必备知识

1）在 iOS 规范中，标题文字大小一般为 30～40 像素，要比导航栏文字小 4 像素以上，一般使用深灰色（#333333）。

2）正文文字大小一般为 24～32 像素，比标题文字小 2 个像素以上，一般使用中灰色（#666666）。

3）字间距为 0，行间距是字号的 1.5～2 倍，首行顶格，不空两格。

4）备注型文字可以使用浅灰色（#999999），字号为 22 或 24 像素。

5）标题、正文、备注之间的距离要大于正文的行距。

6）所有文字都要使用无衬线字体，且消除锯齿的方法为平滑或浑厚。

7）在 iOS 二倍图中，工具栏的高度规定为 88 像素。

3.3.6 触类旁通

通过“设计内容详情页”任务的实施，应掌握 iOS 二倍图中关于文字的规范，更加熟悉工具栏的使用。现在就开始制作自己的 APP 内容详情页吧！

任务 4 设计弹窗

3.4.1 任务情境

小明这次的任务是制作“内容详情页”的交互状态。设计师老师建议小明可以设计一个弹窗。

3.4.2 任务分析

弹窗是一个为激起用户的回应而被设计、需要用户去与之交互的浮层。它可以告知用户关键的信息，要求用户去做决定，可能涉及多个操作。弹窗越来越广泛地被应用于软件、网页以及移动设备中，它可以在不把用户从当前页面带走的情况下，指引用户去完成一个特定的操作。

3.4.3 任务实施

扫码看视频

Step 01 欣赏弹窗实例，了解弹窗的特点和设计方法。

设计师给了小明很多弹窗的实例，如图 3－33～图 3－37 所示。

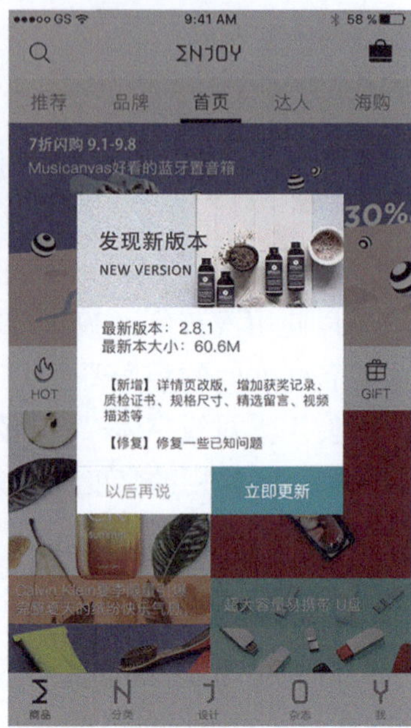

图 3－33

图 3－34

9:41 AM
58 %
财猫智投
比特币30天涨180%
投100元挣180元
动态 舒超军写的笔记已达标，收获阅读费56.0元
牛股笔记
问股 | 股票如何操作 一问便知
热门笔记
稳赚骑牛
173人阅读
5月8.0%
目标涨幅
38元
笔记价格
首页
笔记
关注
我的

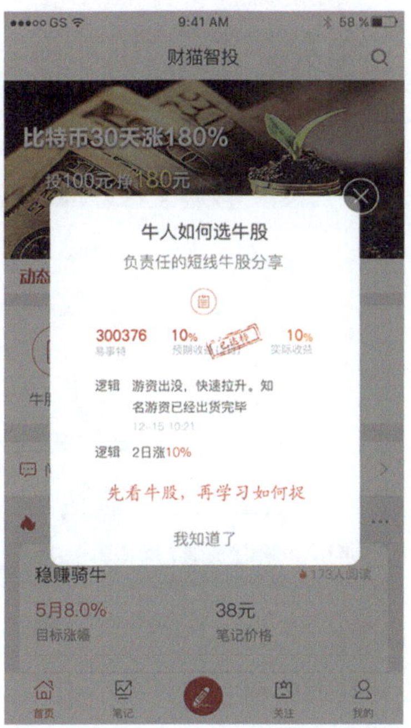
9:41 AM
58 %
财猫智投
比特币30天涨180%
投100元挣180元
牛人如何选牛股
负责任的短线牛股分享
300376
10%
10%
逻辑 游资出没，快速拉升。知名游资已经出货完毕
逻辑 2日涨10%
先看牛股，再学习如何捉
我知道了
稳赚骑牛
5月8.0%
目标涨幅
38元
笔记价格

图 3-35

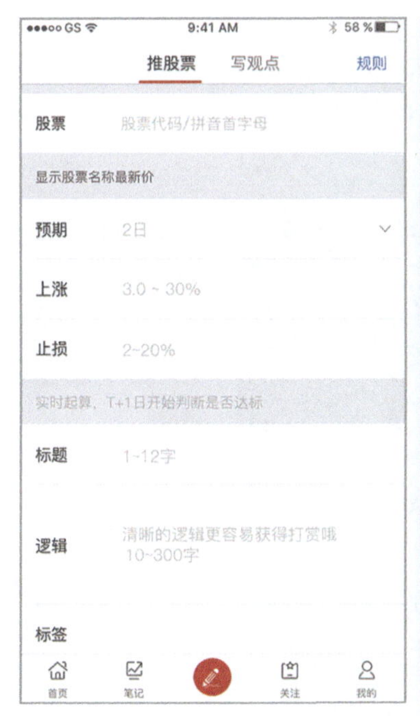
9:41 AM
58 %
推股票
写观点
规则
股票
股票代码/拼音首字母
显示股票名称最新价
预期
2日
上涨
3.0～30%
止损
2~20%
实时起算，T+1日开始判断是否达标
标题
1~12字
逻辑
清晰的逻辑更容易获得打赏哦
10~300字
标签
首页
笔记
关注
我的

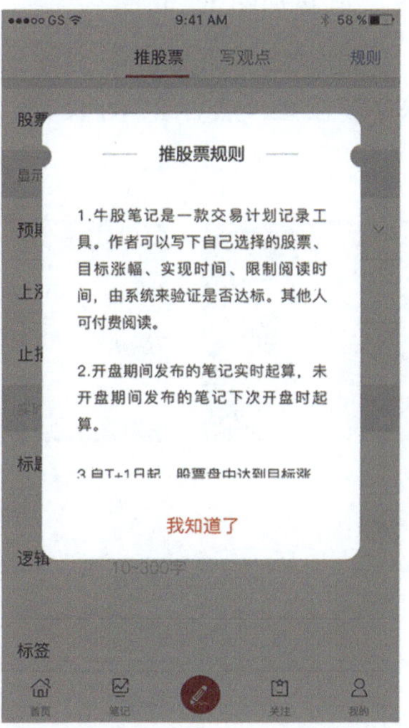
9:41 AM
58 %
推股票
写观点
规则
推股票规则
1.牛股笔记是一款交易计划记录工具。作者可以写下自己选择的股票、目标涨幅、实现时间、限制阅读时间，由系统来验证是否达标。其他人可付费阅读。
2.开盘期间发布的笔记实时起算，未开盘期间发布的笔记下次开盘时起算。
我知道了
标签

图 3-36

图 3-37

Step 02 设计页面弹窗。

打开“内容详情页”文件，如图 3-38 所示。

添加黑色透明遮罩。绘制一个大于页面的矩形，填充为黑色，在图层面板中设置“不透明度”为 25%，结果如图 3-39 所示。

制作弹窗。绘制白色圆角矩形作为背景，再绘制灰色圆角矩形和红色圆角矩形作为“取消”和“保存”按钮，然后绘制小图标，添加文字。制作结果如图 3-40 所示。

图 3-38

图 3-39

图 3-40

3.4.4 任务评价

1）理解弹窗存在的意义。

2）掌握弹窗设计的技巧和方法。

3）弹窗的视觉设计合理。

3.4.5 必备知识

1. 由于弹窗会中断操作，要尽可能少地使用弹窗

突然出现的弹窗会强迫用户去停止他们当下正在进行的操作，并转而专注于弹窗中的内容。在继续操作之前，用户必须要面对这个弹窗，否则将无法对弹窗之下的页面进行操作。

当这个用户必须要确认一个关键的操作时，这时弹窗的设计就是好的。在需要用户去互动才可继续时，或当一个误操作的成本会很高时，使用弹窗是最合适且最合理的。

2. 应该让用户对弹窗的每次出现都有心理预期，不要突然打开弹窗

弹窗的出现应该永远基于用户的某个操作。这个操作也许是点击了一个按钮，也许是进入了一个链接，也可能是选择了某个选项。应尽量避免在用户没有做任何操作时突然打开弹窗。

3. 在弹窗中使用语意清晰的问题和选项

弹窗应该使用用户的语言（用户熟悉的文字、短语和概念），而不是一些系统特有的专有名词。在弹窗的内容区域，应该使用一个表述清晰的问题或陈述，例如“清除您的存档?”或“删除您的账户?”等，尽量不要给用户提供可能产生混淆的选项，而应该使用那些文意清晰的选项。大部分情况下，用户应该能够只通过弹窗的标题和按钮，就了解他们有哪些选项。

4. 提供重要的信息，设计促进操作完成的弹窗

例如，如果一个弹窗要让用户确认删除某些条目，就应该把这些条目都列出来。

5. 提出有关键信息的反馈

当一个流程结束时，记得显示一条提示信息（或视觉反馈），让用户知道自己已经完成了所有必要的操作。

6. 不要使用有滚动控件的弹窗

弹窗绝不应该只有部分内容显示在屏幕上。如果需要很努力地把许多元素挤进一个弹窗，这通常代表弹窗已经不是最优的设计方案了。弹窗要保持干净和简约（遵从 KISS 原则）。将那些不必要的、不能够帮助用户完成任务的元素或内容从弹窗中去除，以达到简化的目的。弹窗不应该提供超过两种选项。

7. 尽量避免在弹窗内安置多个步骤

如果一个交互行为复杂到需要多个步骤才能完成，那么它就有必要单独使用一个页面，而不是作为弹窗存在。

8. 当打开一个弹窗时，后面的页面一定要稍微地变暗

这样做有两个原因：一是它能把用户的注意力转移到浮层上；二是它能让用户知道后面的这个页面是不再可用的。

9. 清晰的关闭选项

在弹窗的右上角应该有一个关闭按钮。许多弹窗会在右上角有一个“×”按钮，方便用户关闭窗口。然而，这个“×”按钮对于一般的用户而言并不是一个显而易见的退出通道。这是由于“×”按钮通常较小，它需要用户准确地定位到该处，才能够成功退出，而这一过程通常很费事。因而让用户通过背景区域去退出，是一个更好的方法。

10. 不能在弹窗内启动弹窗

应该避免在弹窗内再启动附加的小弹窗。这是因为，这样会加深用户所感知到的 APP 的层级深度，从而增大了视觉的复杂性。

设计是为用户而做的设计，而非为技术。要想知道什么样的设计最适合用户、最适合他们将进行的操作，其实不是一件难事，只需要模仿那些领先产品的弹窗，然后找到目标用户做一些相关的测试即可。

3.4.6 触类旁通

通过“设计弹窗”任务的实施，掌握了弹窗的设计技巧和方法。现在就为自己的 APP 设计一个弹窗吧！

任务 5 设计页面“我的”

3.5.1 任务情境

小明的任务是设计美食类 APP 的一级页面“我的”。

3.5.2 任务分析

“我的”页面原型图如图 3-41 所示。

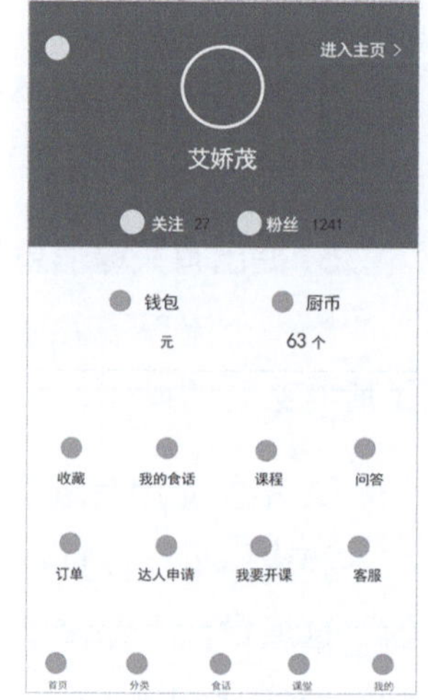

图 3-41

这个页面是一级页面，也要包含标签栏，并且要更换标签栏的当前按钮为“我的”。本任务的设计重点在导航的设计。

3.5.3　任务实施

扫码看视频

Step 01　打开已有页面“首页”文件，另存为“我的 . psd”。删除导航栏文字，更改当前按钮为“我的”，效果如图 3－42 所示。

Step 02　设计“我的”页面的头像部分。

首先，按照原型图的版式计算好尺寸，设置水平方向的参考线。

然后，开始制作背景。

背景延伸到状态栏，按照设置好的水平参考线，绘制矩形，也可以将源文件中状态栏与导航栏的背景白色矩形变形，填充渐变色，制作结果如图 3－43 所示。

图　3－42

图　3－43

“我的”页面的设计作品中上半部分往往放置一个背景，常用的手法有使用纯色、渐变色、图片，或者对图片高斯模糊。

再来设计文字与按钮。放置“设置”按钮、“进入主页”的文字与按钮。这两部分分别放置在导航栏的两侧。

注意：左、右边界的距离要相等，需要使用垂直参考线。制作效果如图 3－44 所示。

最后，制作头像和其他细节。头像使用“剪贴蒙版”制作成圆形，白色描边。添加细节小图标，输入“关注”和“粉丝”等文字。制作效果如图 3－45 所示。

Step 03 设计页面内容部分。

首先，计算尺寸设置水平和垂直方向的参考线，将内容部分分组放置在不同的白卡上。

注意：白卡与上半部分以及白卡之间的距离要相等。导航部分采用了宫格导航模式。制作效果如图 3－46 所示。

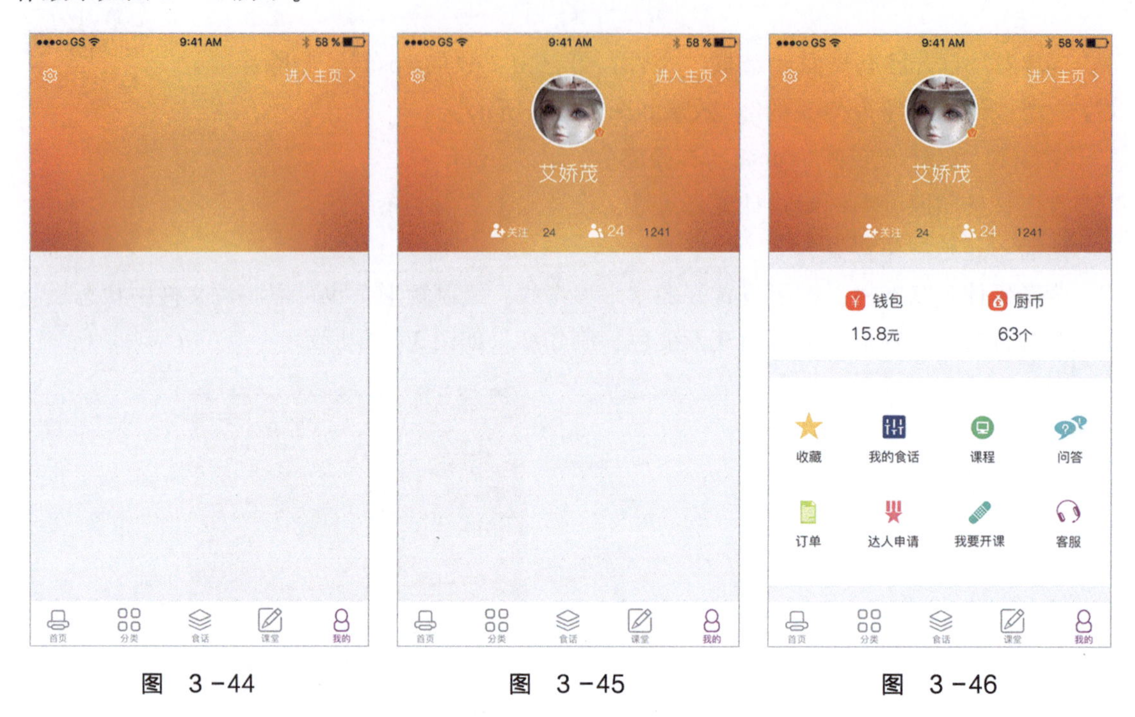

图 3－44　　图 3－45　　图 3－46

3.5.4　任务评价

1）各栏高度正确。

2）图片处理效果合适。

3）图标使用合理。

4）各级文字字体、字号、颜色、消除锯齿方法、间距符合规范。

5）图层顺序正确。

6）图层文件夹的使用正确。

3.5.5　必备知识

所谓的导航是指，引导用户访问 APP 的栏目、菜单、分类等布局结构形式的总称。也就是说，导航主要是引导用户，告诉用户怎么找到自己想要的信息或完成自己想要完成的任务。可见，导航在一个 APP 中是重要性非常高的。导航设计的合理性关系着用户是否能够顺畅地找到信息和完成任务。APP 导航设计的常见模式如图 3－47 所示（其中的 Tab 导航已在第 3.2.5 小节中讲过，这里不再赘述）。

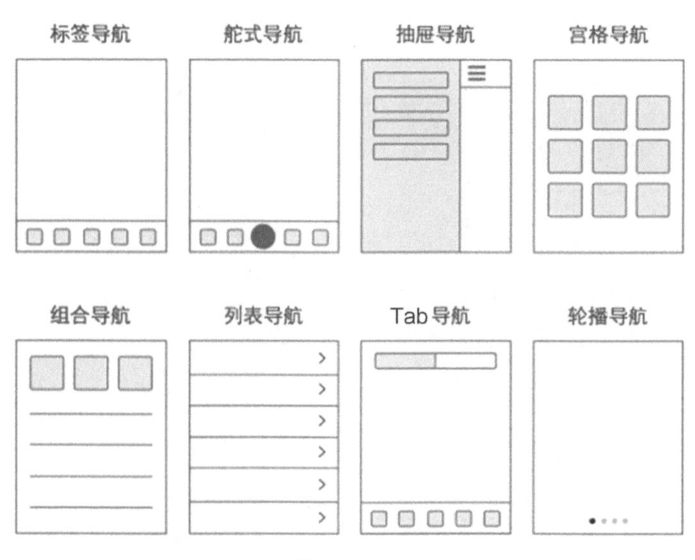

图 3-47

1. 标签导航和舵式导航

通常，标签导航底部有 3～4 个标签，iOS 规定最多设有 5 个。若需要更多的选项，操作时可将最后一项设置为“更多”，将一些次要功能放置在“更多”里。标签导航是非常常见的导航模式。如果需要用户频繁地在不同分页切换，可以采用这种模式的导航。现在很多 APP 都采用了这种模式。当然，如果在五个标签中有一个标签是很重要或频繁使用的，想要重点突出，可以使用变形的标签导航，即舵式导航。

2. 抽屉导航

如果有六七个导航，但其中只有一个导航是主要的，别的虽然有用，但很少用。这种情况下可以使用抽屉导航，显示主要的导航，其他导航隐藏起来，这样可以更加节省页面空间。

抽屉导航是将菜单隐藏在当前页面后，点击导航入口即可像拉抽屉一样拉出菜单。这种导航的优点是：节省页面展示空间，让用户将更多的注意力聚焦到当前页面。其比较适合于不需要频繁切换内容的应用，例如对设置、关于等内容的隐藏。这种导航模式对于那些需要经常在不同分页间切换，或者核心功能有很多入口的 APP 不适用。抽屉导航设计需要注意的是，一定要提供菜单划出的过渡动画。

3. 宫格导航

宫格导航一般用于二级导航，作为一系列功能入口的聚合，将主要入口全部聚合在页面，让用户做出选择。这样的组织方式虽然无法让用户第一时间看到内容或执行操作，但却能够让用户在整体上了解 APP 提供的服务，从而选择自己所需要的服务。

由于受到卡片式设计的影响，宫格模式的变形也非常多。首先，可以将宫格的卡片变大，宫格与宫格之间不留空白，如图 3-48 所示。这种展现方式所能展现的卡片数量有限。如果增加纵向滚动功能，就可以无限增加卡片的数量，如图 3-49 所示。

图 3-48

图 3-49

更进一步，对上面这种无限的展示宫格进行分类，就有了图 3-50 所示的导航模式。当然，每个分类下能够展示的数量可以更多，并不限于 3 个。如果想要在分类下展示更多的内容，可以对导航模式再进一步变形，允许每行宫格可以横向滑动，这样就扩展了展示的数量，又不会减少分类数量的展示，如图 3-51 所示。

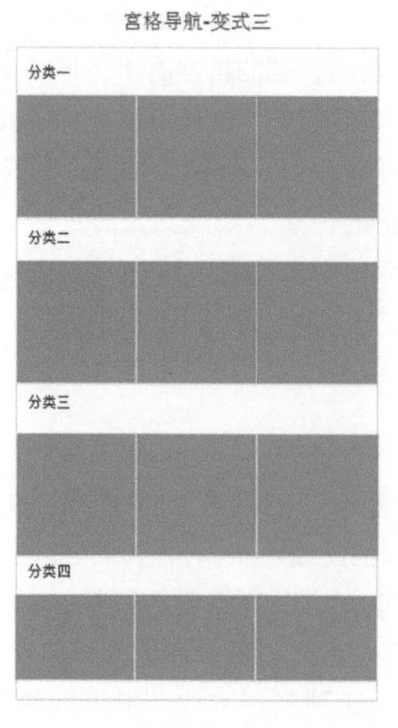

图 3-50

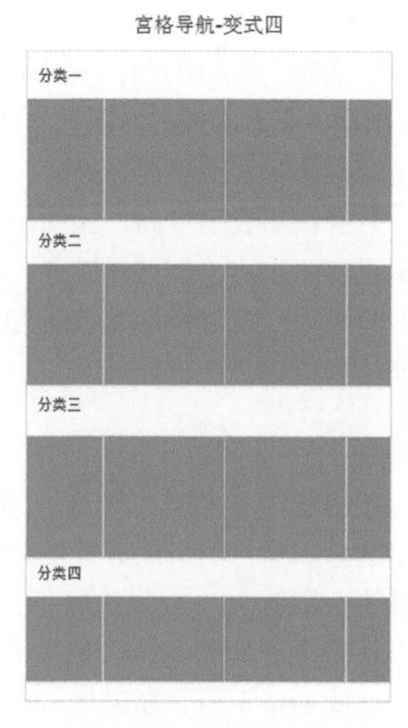

图 3-51

4. 列表导航

列表导航通常用于二级页面，由于它与宫格导航一样，不会默认展示任何实质内容，所以通常 APP 不会在首页使用它。这种导航结构清晰，易于理解，能够帮助用户快速地定位到对应的页面，如图 3-52 所示。

如果对列表进行分类，逻辑上会更加清晰。分类名称可以省略，用间距将每一组列表隔开也能起到梳理逻辑的作用，如图 3-53 所示。

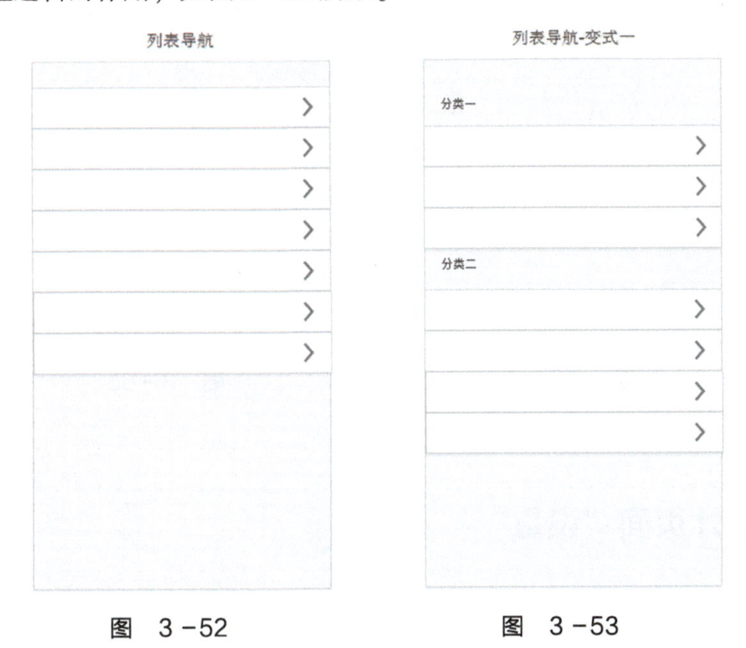

图 3-52　　图 3-53

列表导航还有一种常见的变式，即将列表下内容中的核心内容展示出来，常见的是核心数据展现。这种变式有时候也被称为仪表式导航，通过标题和核心数据来展现核心内容，同时作为导航使用，如图 3-54 所示。这种导航模式常见于各种互联网金融 APP 中的产品列表。

5. 轮播导航

轮播导航能够最大限度地保证应用的页面简洁性，操作也很方便，只需要手指左右滑动即可。但其缺点也很明显：承载入口的数量有限，一般不超过 10 个。这种导航模式常用于查看图片，也经常与其他导航模式结合，作为横幅广告呈现。

6. 组合导航

在页面设计中，也会经常将几种导航模式组合使用，称为组合导航。例如将宫格导航和列表导航组合起来使用。

3.5.6 触类旁通

通过设计一级页面“我的”任务的实施，学习了各类导航模式的使用。现根据一张原型图，尝试设计一张“我的”页面，原型图如图 3－55 所示。

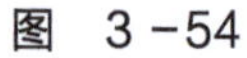

图 3－54

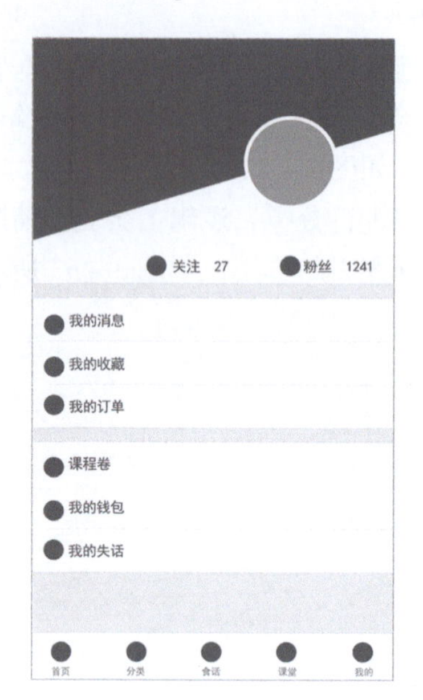

图 3－55

任务 6　设计页面“设置”

3.6.1　任务情境

今天小明要继续设计任务，设计页面——“设置”。

3.6.2　任务分析

“设置”页面的原型图如图 3－56 所示。

“设置”页面不是一级页面，不需要标签栏，为了 APP 页面整体统一，状态栏和导航栏位置图标一致，仍需在以往设计的页面的基础上进行设计制作。

3.6.3　任务实施

扫码看视频

Step 01　打开文件“1 首页. psd”存储为“设置. psd”。在图层面板中保留“状态栏”和“导航栏”，删除其他图层，并且更改导航栏中的文字和图标。制作效果如图 3－57 所示。

注意：导航栏文字的字体、字号、颜色和消除锯齿的方法应符合规范。

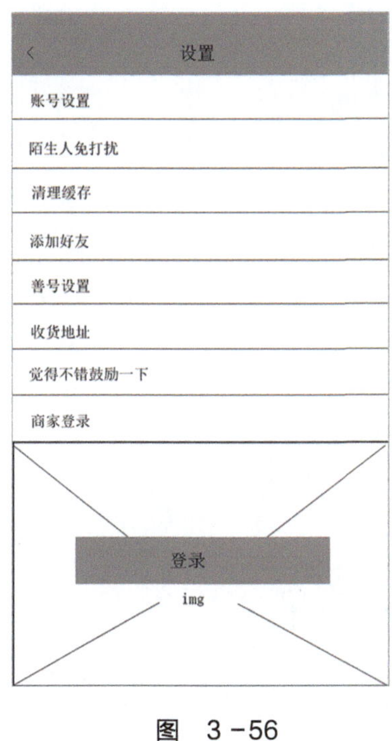

图 3-56

图 3-57

Step 02 根据原型图中的内容计算尺寸，设置水平方向的参考线，准备制作列表导航。

在移动端界面设计中，参考线的使用非常重要。进行页面设计时，首先要设置水平和垂直方向的参考线。

Step 03 制作列表导航

首先，绘制白色矩形作为白卡。然后，绘制浅灰色横细线，并复制，在白卡上平均分布，作为列表导航的分割线，分割线间隔为90像素。用作分割的灰色细线要比背景灰色稍微深一点，常用的灰色细线色值为#e3e3e3。

最后，输入列表中的文字，拖入图标。注意：文字与图标距离白卡左、右边界的距离要相等。制作效果如图3-58所示。

在移动端界面设计中，经常使用表示进入或者下一步，这个图标两条线的夹角要成90°。

Step 04 制作“退出登录”部分。

首先，导入图片作为背景。需要注意图片与列表部分白卡的图层位置关系。

然后，制作按钮。绘制圆角矩形，并输入文字。注意文字占据矩形高度不能太多，文字高度一般在矩形高度的1/3~1/2。

制作效果如图3-59所示。

图 3-58

图 3-59

3.6.4 任务评价

1）列表导航模式设计正确。
2）列表高度符合规范。
3）列表内容距离左、右边界的距离合理。

3.6.5 必备知识

列表的高度不能小于80像素，否则用户体验会很差，不利于用户的触屏操作。在列表中，一般单行文字行高用90像素的高度，两行文字用120像素，如果加了图标或头像，行高视图标或头像大小而定，文字上下居中。如图3-60所示。

图 3-60

3.6.6 触类旁通

通过设计页面“设置”任务的实施，巩固了对iOS规范的理解，学习了设计列表导航模式。现在使用多种导航模式设计自己APP的“设置”页面吧！

任务7 设计登录和注册页面

3.7.1 任务情境

今天小明要继续设计任务，设计登录和注册页面。

3.7.2 任务分析

APP 登录和注册方式一般有以下几种：

1）不需要注册和登录。

2）通过用户名、密码注册和登录。

3）使用手机号码注册和登录。

4）通过邮箱注册和登录。

5）使用第三方账号登录。

在登录和注册页面一般还应该包括“忘记密码”按钮。

登录和注册页面的原型图如图3－61和图3－62所示。

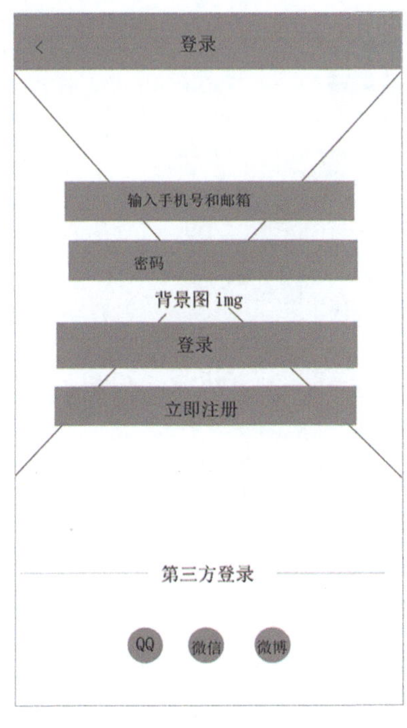

图 3－61

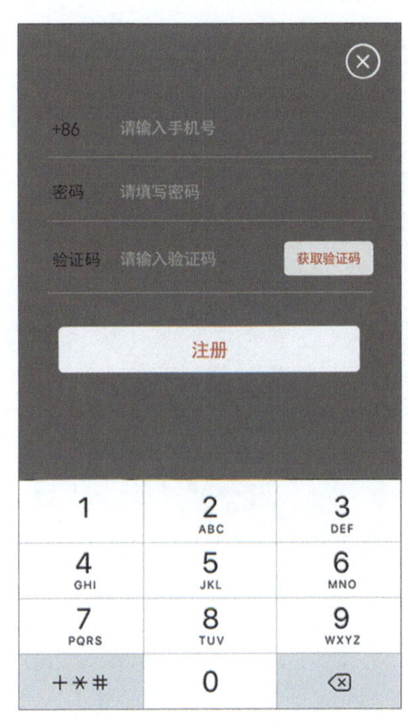

图 3－62

扫码看视频

3.7.3 任务实施

Step 01 打开文件“设置.psd”，另存为“登录.psd”。

在图层面板中保留“状态栏”和“导航栏”图层，删除其他图层。

Step 02 改状态栏文字为“登录”，结果如图 3-63 所示。

注意：各个页面之间，状态栏、导航栏图标位置保持一致，文字的字体、字号保持一致，不能在页面跳转时出现跳跃感。

图 3-63

Step 03 导入背景图片，并处理图片效果。

Step 04 制作文本框，结果如图 3-64 所示。

一列中的文本框要同宽、对齐。文本框中提示性文字大小要相等，左右要对齐。

在移动端界面设计中，白色文字需要减弱时，不能使用浅灰色，要使用白色加透明度的方法。

登录和注册页面中的“忘记密码”按钮一般使用红色，以起到提醒作用。

Step 05 制作按钮。按钮的最小高度为 76 像素，常用高度为 80～90 像素，按钮内文字的高度占据按钮高度的 1/3。

制作效果如图 3-65 所示。

图 3-64

图 3-65

Step 06 制作“第三方账号登录”部分。结果如图 3－66 所示。

Step 07 设计注册页面。结果如图 3－67 所示。

图 3－66

图 3－67

3.7.4 任务评价

1）导航栏文字更改正确。
2）导航栏返回按钮设计合理。
3）登录和注册按钮的高度合乎规范，按钮内文字占高度的 1/3。
4）第三方账号登录方式摆放位置适当。

3.7.5 必备知识

1）登录和注册页面的设计方法。
2）白色文字减弱的方法。
3）登录和注册页面的逻辑关系。
4）“忘记密码”按钮一般使用红色。
5）输入一键清空按钮的设计。
6）电话号码分段显示。
7）对于输入错误要有明显的提示。

3.7.6 触类旁通

通过设计登录和注册页面任务的实施，巩固了对 iOS 规范的掌握，学会了登录和注册页面的设计方法、按钮的设计规范、白色文字减弱的方法。现在设计自己 APP 的登录和注册页面吧。

任务 8　设计引导页

3.8.1　任务情境

今天小明要继续设计任务，设计引导页。

3.8.2　任务分析

所谓引导页，就是引导用户学习 APP 用法或了解 APP 作用的页面，其核心在于“引导”二字。

3.8.3　任务实施

扫码看视频

Step 01　导入背景图片。

Step 02　输入文字。

Step 03　制作轮播图片提示圆点，用于区分当前页面与非当前页面。

引导页面设计结果如图 3－68 和图 3－69 所示。

图　3－68

图　3－69

3.8.4 任务评价

1）引导页的设计与产品风格一致。

2）符合引导页的设计原则。

3.8.5 必备知识

1. 引导页的分类

根据引导页的目的、出发点不同，可以将其分为功能介绍类、使用说明类、推广类、问题解决类等。一般引导页不会超过5页。

功能介绍类引导页主要是对产品的主要功能进行展示，让用户对产品的主要功能有一个大致的了解。大多以文字配合界面、插图的方式来展现。

使用说明类引导页是对用户在使用产品过程中可能会遇到的困难、不清楚的操作、误解的操作行为进行提前告知。这类引导页大多采用箭头、圆圈进行标识，以手绘风格为主。

推广类引导页除了有一些产品功能的介绍外，更多的是想传达产品的态度，让用户更明白这个产品的情怀，需考虑与整个产品风格、公司形象相一致。这一类的引导页如果做得不够吸引人，用户只会不耐烦地想快速划过；而制作精良、有趣的引导页，用户会停留观赏。

问题解决类引导页通过描述在实际生活中会遇到的问题，直击痛点，通过最后的解决方案让用户产生情感上的联系，对产品产生好感，增加用户黏度。

2. 引导页的表现方式

1）文字与界面的组合方式。这是最常见的引导页表现方式，页面中包含简短的文字和该功能的界面，主要是运用在功能介绍类与使用说明类引导页。这种方式能较为直接地传达产品的主要功能。其缺点是过于模式化，显得千篇一律。

2）文字与插图的组合也是常见的方式之一。插图多具象，以使用场景、照片为主，来表现文字内容。

3）动态效果与音乐的组合方式。除了静态页面外，现在开始流行具有动态效果的页面。在单个页面采用动画的形式，考虑好各个组件的先后快慢，打破原有的沉寂，让页面动起来。同时，结合动态效果可以考虑页面间切换的方式，将默认的左右滑动改为上下滑动或过几秒自动切换到下一页等。

4）通过播放视频的方式来介绍产品或传递一种理念。这种方式多见于偏生活记录类的应用，如拍照、运动类应用，给人传达青春活力、积极乐观的生活态度。其优点是直观，动感，生活化；其缺点是应用会较大，视频播放会出现卡顿的情况。

以上已经针对引导页的目的差异及表现方式进行了相关归类，在具体的设计中还得注意一些原则，它们会让设计更加吸引人，信息传达的效果更好。

3. 引导页的设计原则

1）文案要言简意赅，突出核心。多余的文字尽量进行删减。如果文案删减后字数还是过多，应考虑对文字进行分层，通过空格、逗号或换行的方式进行视觉优化。文案要精准贴切，使用用户听得懂的语言。尤其对于通过照片来表现主题的引导页设计，文案与照片要吻合。

2）视觉聚焦。在单个引导页中，信息不宜过多，只阐述一个目的，所有元素都要围绕这个目的进行展开。文案的处理要注意层次，主标题与副标题要形成对比，引导页中的界面、场景、文案具象化元素，要有一个视觉聚焦点，多个视觉元素的排布采用中心扩散的方式，结合视线流动的规律，从上到下、从左到右、从大到小。

3）与产品、公司基调相一致。引导页在视觉风格与氛围的营造上要与该产品和公司的形象相一致，这样，在用户还未使用具体产品前就给产品定下一个对应的基调。产品的特性决定了引导页的风格。

3.8.6 触类旁通

通过设计引导页任务的实施，知道了什么是引导页，了解了引导页的分类、设计方法和设计原则。现在设计自己 APP 的引导页吧。

3.8.7 实战强化

根据一套 APP 原型图及其说明，设计 APP 界面，原型图如图 3－70～图 3－83 所示。

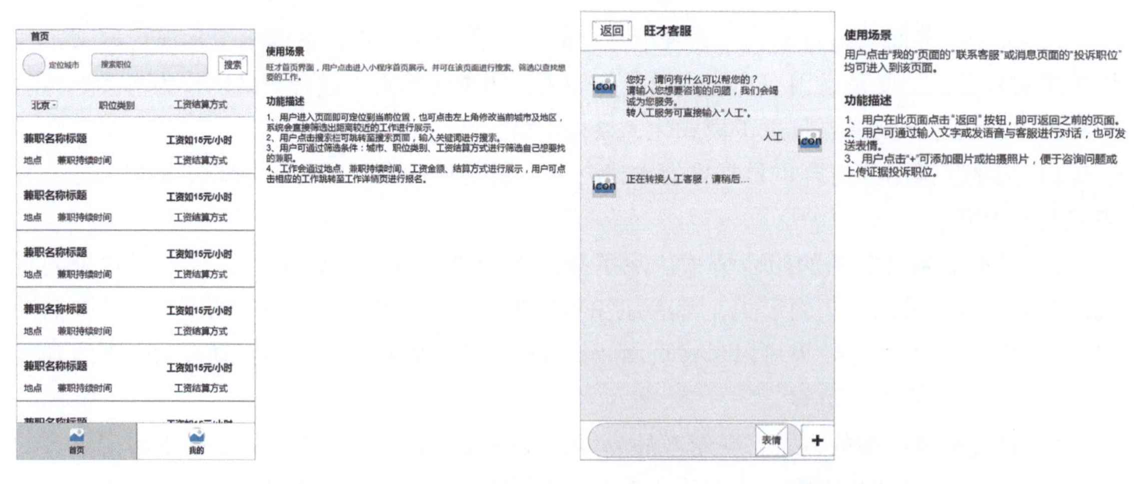

图 3－70　　　　图 3－71

使用场景

用户报名成功某个职位后进入到该页面。

功能描述

1、用户在此页面点击"返回"按钮，即可返回上一级页面。
2、用户也可以点击"继续报名"按钮，跳转至旺才首页继续浏览职位。

图 3-72

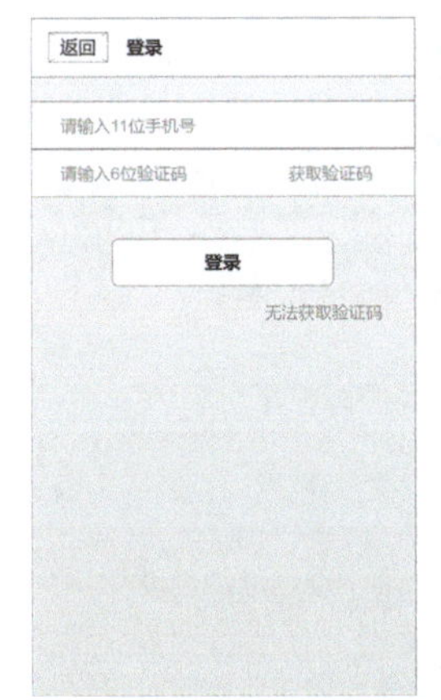

使用场景

用户想要登录以报名职位时，可根据提示进入该页面进行登录。

功能描述

1、用户在此页面点击"返回"按钮，即可返回上一级页面，从哪个页面跳转过来的，就返回到之前的页面。
2、用户未输入状态置灰，输入手机号后"获取验证码"为可点击状态，点击后进入倒计时，用户可输入短信收到的6位验证码进行登录，输入正确即可登录成功进入信息完善页面。
3、若用户多次未能收到验证码短信，可点击"无法获取验证码"，获取语音验证码。

图 3-73

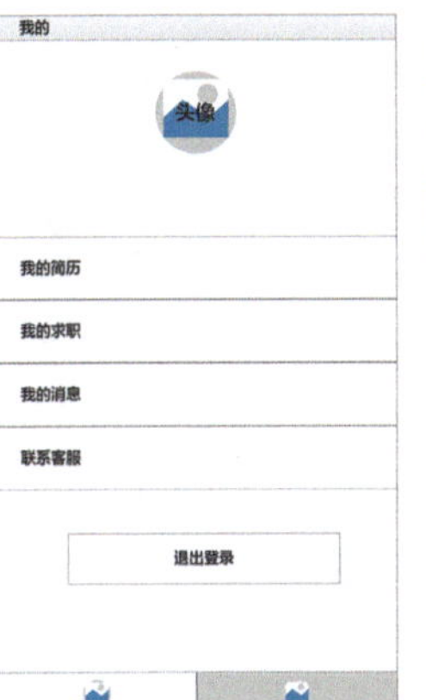

使用场景

旺才个人中心界面，用户点击进入小程序后可修改个人头像、简历信息，并可在该页面查看个人的求职信息及消息，也可联系客服。

功能描述

1、用户点击头像可修改为个人真实照片及其他，会在企业的报名信息中展示。
2、用户点击"我的简历"，可跳转至个人信息页面，修改个人的基本情况。
3、用户点击"我的求职"，可跳转至求职列表页，查看自己报名的求职具体进展，及以往报名的求职工作。
4、用户点击"我的消息"可跳转至消息列表页，查看系统消息、录用消息等。
5、用户点击"联系客服"，可咨询使用问题、投诉商家、反馈小程序的问题等。
6、用户点击"退出登录"，即可退出当前登录账户。

图 3-74

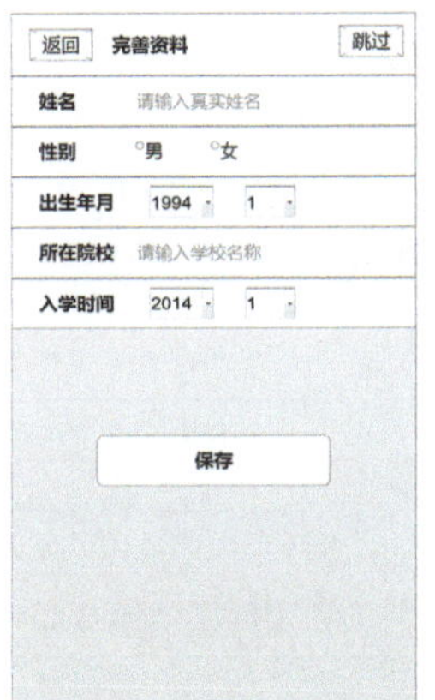

使用场景

用户首次快捷登录后进入到该页面，填写个人资料。

功能描述

1、用户在此页面点击"返回"按钮，即可返回上一级页面。若用户暂时不想完善信息可点击"跳过"按钮，进入小程序首页或用户之前浏览的页面，但用户若想报名就一定要完善个人信息方可。
2、用户未输入状态置灰，输入完成后点击"保存"按钮即可进入之前浏览页面进行报名。

图 3-75

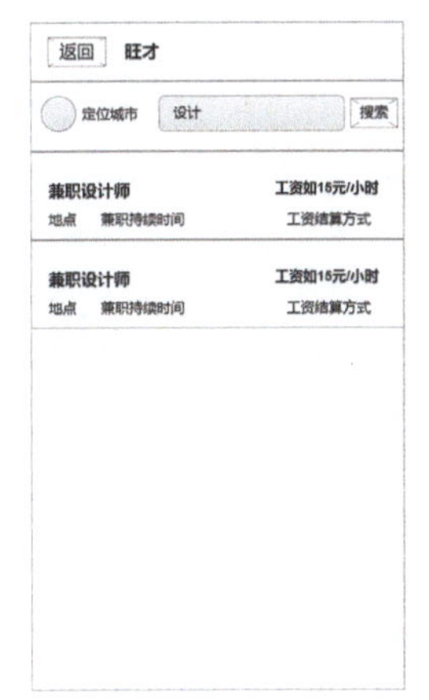

使用场景

搜索页面，用户在首页点击"搜索"后进入该页面。
可搜索出相应的职位展示。

功能描述

1、用户在首页点击"搜索"后进入，输入关键词后搜索出相应职位。
2、用户可点击相应的工作跳转至工作详情页进行报名。

图 3-76

使用场景

旺才个人中心界面，用户点击"请登录"即跳转至登录页面。

功能描述

此页面的修改头像、查看简历、求职经历、回复消息、联系客服等功能，均需先登录账号方可操作，否则点击每项功能时均会提示请先登录。

图 3-77

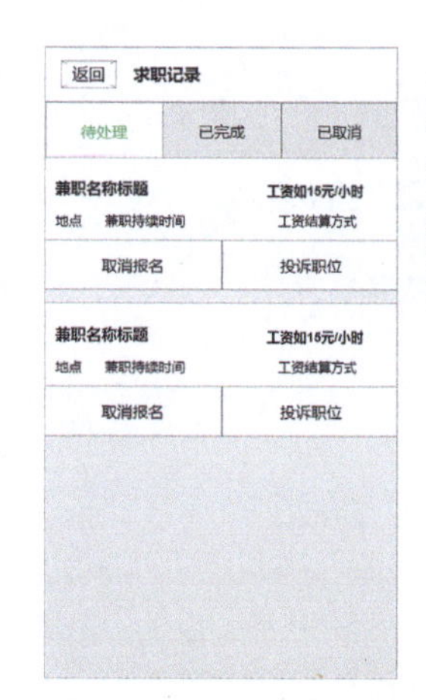

图 3-78

使用场景

用户在"我的"页面点击"我的求职"即进入该页面，可通过Tab导航查看不同状态的求职记录并进行操作。

功能描述

1、用户在此页面点击"返回"按钮，即可返回"我的"页面。
2、可通过点击不同分类查看不同状态的求职记录。在每一种分类中都可以选择是否投诉相应职位，点击后跳转至客服对话页面。
3、在待处理职位中可以选择是否取消报名，在已完成职位中可以选择给企业好评，在已取消职位中可以选择是否再次报名，且此次报名成功后将不再有权取消。

图 3-79

使用场景

用户在"我的"页面点击"我的求职"即进入该页面，可通过Tab导航查看不同状态的求职记录并进行操作。

功能描述

1、用户在此页面点击"返回"按钮，即可返回"我的"页面。
2、可通过点击不同分类查看不同状态的求职记录。此页面做出暂无相应记录的为空页面。

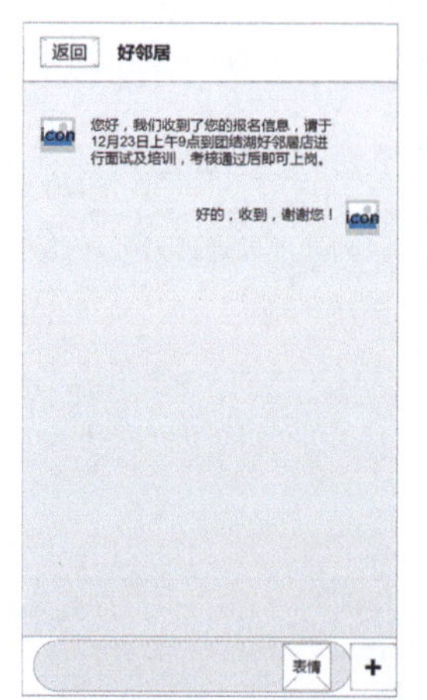

图 3-80

使用场景

用户点击消息列表中的消息进入该页面，可进行消息的发送，与企业进行对话。

功能描述

1、用户在此页面点击"返回"按钮，即可返回消息列表页。
2、用户可通过输入文字或发语音与企业进行对话，也可发送表情。
3、用户点击"+"可添加图片或拍摄照片，以便于传递给企业自己的相关证件等。

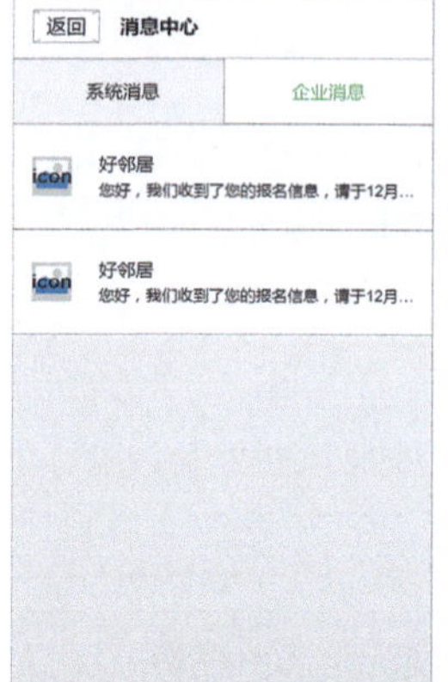

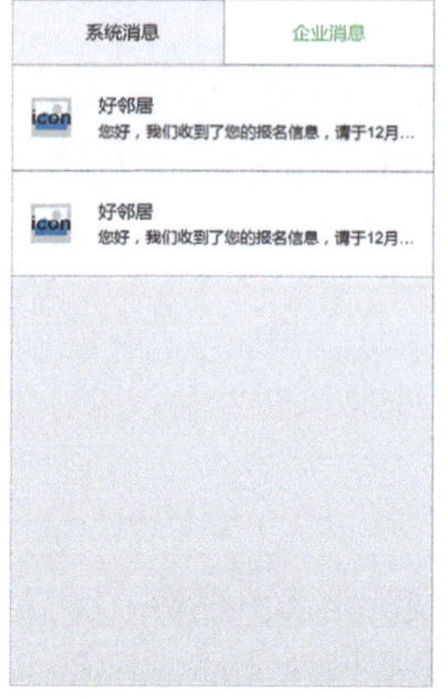

图 3-81

使用场景

用户在个人中心页面点击"我的消息"进入该页面，可查看系统消息和企业消息。

功能描述

1、用户在此页面点击"返回"按钮，即可返回个人中心页面。
2、用户可通过Tab导航切换系统消息和企业消息，当前选择状态为主题色。
3、用户点击消息列表中的消息即可进入消息详情页。

图 3-82

使用场景

用户点击相应的兼职列表,即可跳转至职位详情页面,在此页面可查看职位详情和公司介绍,可进行分享和报名.

功能描述

1、用户在此页面点击"返回"按钮，即可返回上一级页面，从哪个页面跳转过来的，就返回到之前的页面。
2、用户点击"分享"按钮即可将职位通过微信分享给自己的好友或朋友圈。
3、用户点击"立即报名"按钮，即可报名该职位。若用户已注册并成功登录，即可直接报名成功；若用户未注册登录，则会弹窗提示"是否登录以进行报名？"。

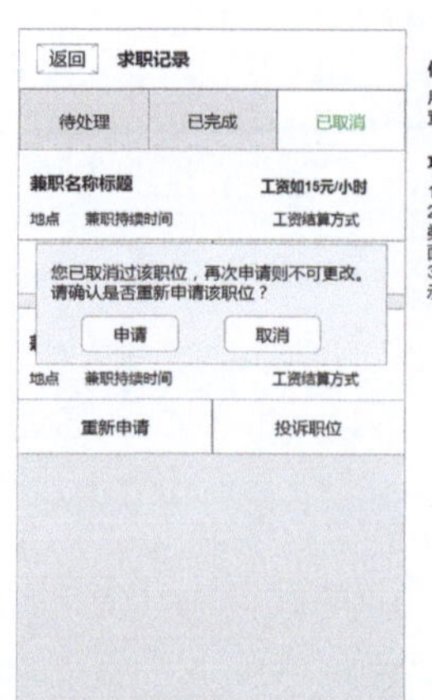

图 3-83

使用场景

用户在"我的"页面点击"我的求职"即进入该页面，可通过Tab导航查看不同状态的求职记录并进行操作。

功能描述

1、用户在此页面点击"返回"按钮，即可返回"我的"页面。
2、可通过点击不同分类查看不同状态的求职记录。在每一种分类中都可以选择是否投诉相应职位，点击后跳转至客服对话页面。
3、在已取消职位中可以选择是否再次报名，点击后会有弹窗提示，此次报名成功后将不再有权取消。

项 目 4
Android 系统界面设计

职业能力目标

- 熟知 Android 系统的发展
- 能制作 Android 系统的界面
- 熟知 Android 系统的设计规范

任务1　了解 Android 系统的发展

4.1.1　任务情境

小明进入公司一直做的都是关于 iOS 系统的 APP 界面设计，而关于 Android 系统的界面设计并不多，所以设计小组组长让小明利用休息的时间去了解下 Android 系统，熟知其发展。

4.1.2　任务分析

这是一个搜集资料的工作，对于刚毕业的大学生来说，很简单但也很单调，不过小明却很感兴趣。

4.1.3　任务实施

小明一方面在网上搜集 Android 的发展历程，一方面询问有经验的同事。最后，小明整理了一张关于 Android 系统的发展史图片，如图 4 - 1 所示。

4.1.4　任务评价

该工作完成得很好，收到了小组组长的表扬。

4.1.5　必备知识

了解 Android 系统的发展历程，并且根据其发展发现该系统的发展趋势，对以后设计 Android 系统的 APP 界面有很大帮助。

4.1.6　触类旁通

虽然 iOS 系统很受年轻人的追捧，但是 Android 系统在中国市场上占有份额很大，UI 设计师在熟悉 iOS 系统界面设计的同时，也要兼顾了解 Android 系统的界面设计。

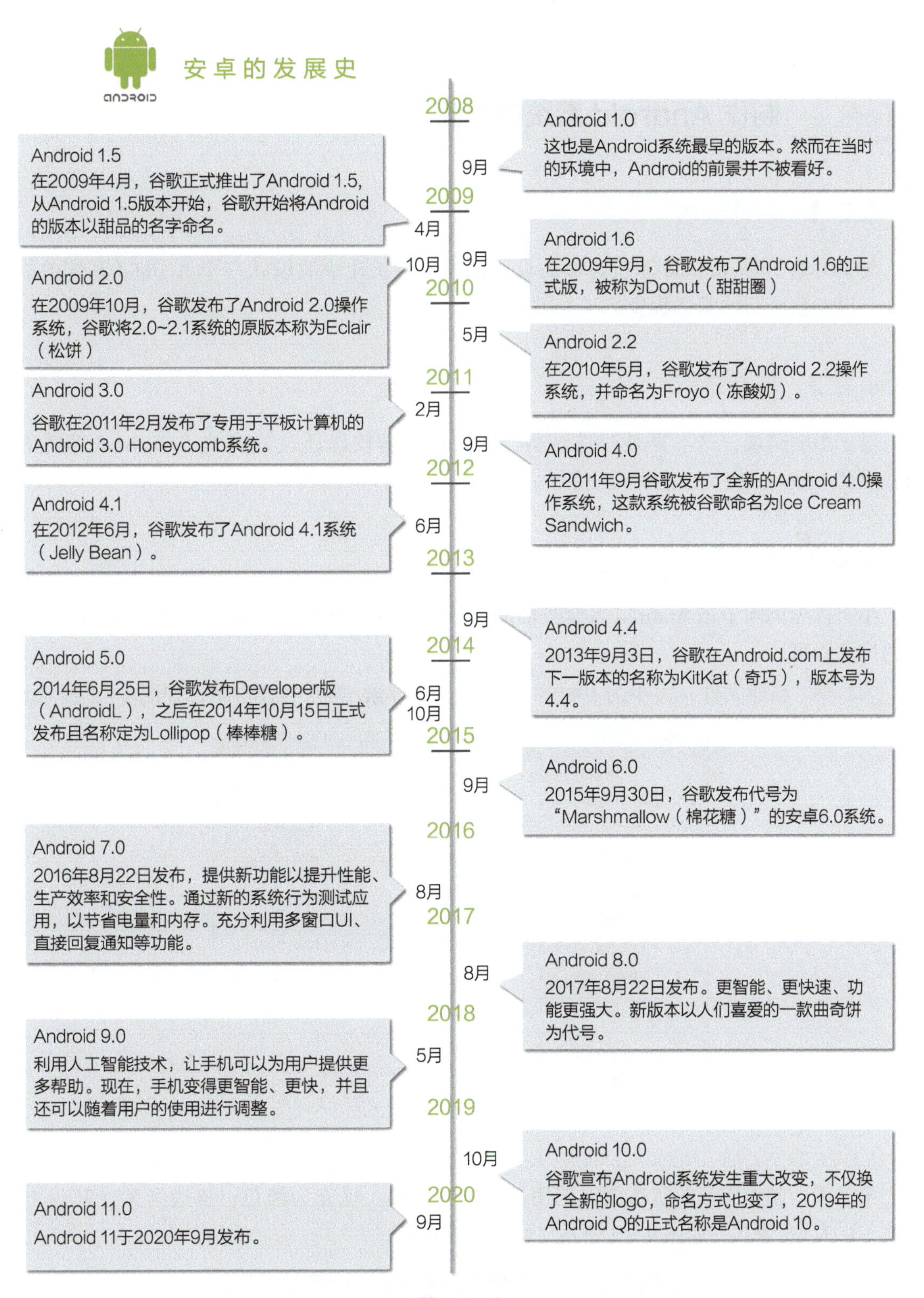
ANDROID
安卓的发展史
2008
2009
2010
2011
2012
2013
2014
2015
2016
2017
2018
2019
2020
Android 1.0
这也是Android系统最早的版本。然而在当时的环境中，Android的前景并不被看好。
9月
Android 1.5
在2009年4月，谷歌正式推出了Android 1.5，从Android 1.5版本开始，谷歌开始将Android的版本以甜品的名字命名。
4月
Android 1.6
在2009年9月，谷歌发布了Android 1.6的正式版，被称为Domut（甜甜圈）
9月
Android 2.0
在2009年10月，谷歌发布了Android 2.0操作系统，谷歌将2.0~2.1系统的原版本称为Eclair（松饼）
10月
Android 2.2
在2010年5月，谷歌发布了Android 2.2操作系统，并命名为Froyo（冻酸奶）。
5月
Android 3.0
谷歌在2011年2月发布了专用于平板计算机的Android 3.0 Honeycomb系统。
2月
Android 4.0
在2011年9月谷歌发布了全新的Android 4.0操作系统，这款系统被谷歌命名为Ice Cream Sandwich。
9月
Android 4.1
在2012年6月，谷歌发布了Android 4.1系统（Jelly Bean）。
6月
Android 4.4
2013年9月3日，谷歌在Android.com上发布下一版本的名称为KitKat（奇巧），版本号为4.4。
9月
Android 5.0
2014年6月25日，谷歌发布Developer版（AndroidL），之后在2014年10月15日正式发布且名称定为Lollipop（棒棒糖）。
6月
10月
Android 6.0
2015年9月30日，谷歌发布代号为“Marshmallow（棉花糖）”的安卓6.0系统。
9月
Android 7.0
2016年8月22日发布，提供新功能以提升性能、生产效率和安全性。通过新的系统行为测试应用，以节省电量和内存。充分利用多窗口UI、直接回复通知等功能。
8月
Android 8.0
2017年8月22日发布。更智能、更快速、功能更强大。新版本以人们喜爱的一款曲奇饼为代号。
8月
Android 9.0
利用人工智能技术，让手机可以为用户提供更多帮助。现在，手机变得更智能、更快，并且还可以随着用户的使用进行调整。
5月
Android 10.0
谷歌宣布Android系统发生重大改变，不仅换了全新的logo，命名方式也变了，2019年的Android Q的正式名称是Android 10。
10月
Android 11.0
Android 11于2020年9月发布。
9月

图 4-1

任务 2　制作 Android 系统的界面

4.2.1　任务情境

为了考察小明 Android 系统界面的设计能力，组长让小明设计一个 Android 系统的 APP 界面，以考察小明的掌握程度。

4.2.2　任务分析

对于小明来说，这不算是一件难事，因为他在学校设计过许多关于 Android 系统的界面，难度一般。

4.2.3　任务实施

小明首先询问了该 Android 系统界面的要求。该界面没有特殊要求，尺寸采用市面上常用的尺寸即可。

Step 01　新建文件，大小为 1080 × 1920px、72 像素/英寸的分辨率，如图 4 – 2 所示。

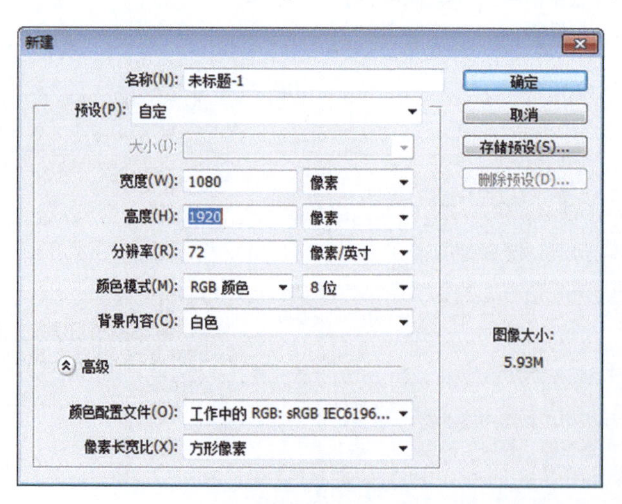

图　4 –2

Step 02　制作界面的状态栏。选用矩形选框工具，填充为黑色，描边为无，W 为 1080 像素，H 为 60 像素，如图 4 – 3 所示。绘制状态栏。

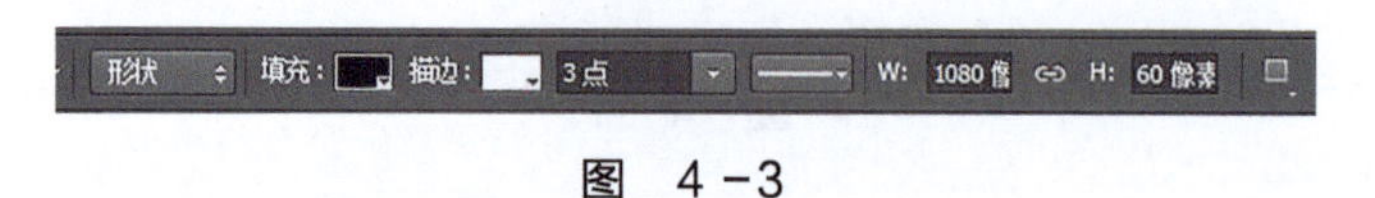

图　4 –3

Step 03　设计状态栏中的内容。选用横排文字工具，分别设置字体为思源黑体和roboto、30像素。绘制状态栏中的内容，最终效果如图4－4所示。

图　4－4

Step 04　选用椭圆工具，设置填充为无，描边为5像素，颜色为R100、G100、B100，绘制大小为44像素的正圆环。

使用圆角矩形工具，设置宽为5像素、高为9像素、圆角为12像素，在圆形上方创建圆角矩形。效果如图4－5所示。

Step 05　按<Ctrl＋J>组合键，复制圆角矩形。按<Ctrl＋T>组合键打开变换命令，按<Alt>键移动中心控制点到椭圆中心上，在工具属性栏中设置角度为45度，如图4－6所示。效果如图4－7所示。

Step 06　在变换框内双击，取消变换框，一直按<Shift＋Ctrl＋Alt＋T>组合键，进行复制。最终效果如图4－8所示。

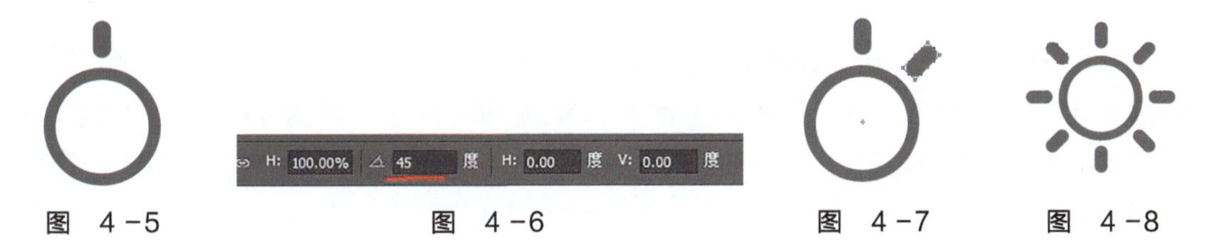

图　4－5　　图　4－6　　图　4－7　　图　4－8

Step 07　分别使用钢笔工具、椭圆工具和矩形工具制作向下的箭头图标、搜索图标和更多图标。

Step 08　选用文本工具，输入“德州”，字号为46像素，搜索框中的文字字号为36像素。效果如图4－9所示。

Step 09　绘制矩形。选用矩形工具，设置填充为黑色，描边为无，W为1080像素，H为280像素。将素材移到矩形之上，按<Alt>键，在两个图层之间做剪贴蒙版。最终效果如图4－10所示。

图　4－9　　图　4－10

Step 10　选用椭圆工具，创建正圆形，大小为135×135像素，颜色为R242、G142、B67。并选取钢笔工具和圆角矩形工具创建“美食”的分类型图标。效果如图4－11所示。

Step 11　其他分类型图标颜色，分别为（R219，G90，B154）、（R125，G108，B176）、

(R48,G184,B164)、(R101,G183,B46)、(R231,G64,B74)、(R69,G160,B217)、(R160,G110,B173)(按从左向右、从上向下顺序)。

并使用钢笔工具、矩形工具、椭圆工具、文字工具，结合微软雅黑字体，创建其他的分类型图标。效果如图 4－12 所示。

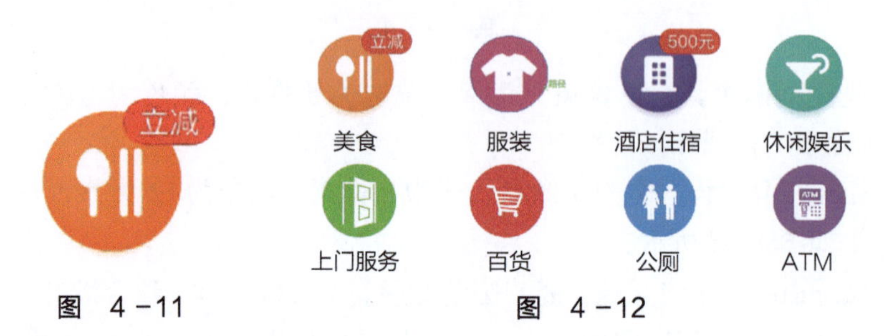

立减

图 4－11

立减
美食
服装
500元
酒店住宿
休闲娱乐
上门服务
百货
公厕
ATM

图 4－12

Step 12 绘制浅灰色隔符。选用矩形选框工具，设置填充为 R244、G244、B244，描边为无，W 为 1080 像素，H 为 40 像素。

Step 13 使用直线工具和矩形工具，创建直线和标题，文字大小为 36 像素。效果如图 4－13 所示。

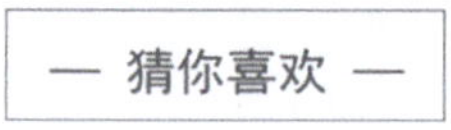
— 猜你喜欢 —

图 4－13

Step 14 选用矩形工具，设置填充为 R248、G242、B218，描边颜色为 R250、G143、B3，描边为 1 像素，W 为 969 像素，H 为 84 像素。创建矩形。再选用文本工具，输入文字，文字大小为 34 像素，颜色为 R250、G143、B3。效果如图 4－14所示。

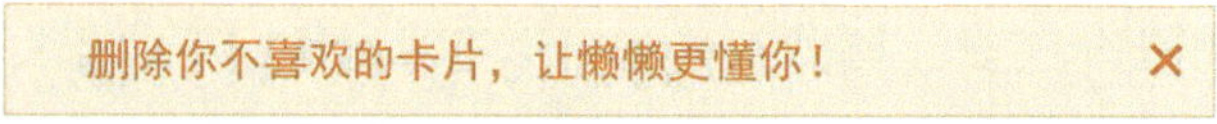
删除你不喜欢的卡片，让懒懒更懂你！
×

图 4－14

Step 15 选用直线工具，设置粗细为 1 像素，按住 <Shift> 键创建直线，长度为 1030 像素，颜色为 R244、G244、B244，作为隔符使用。如图 4－15 所示。

删除你不喜欢的卡片，让懒懒更懂你！
×

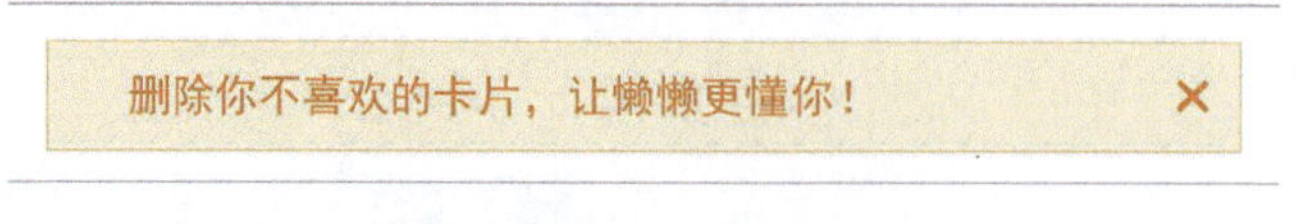

图 4－15

Step 16 选用圆角矩形工具，设置填充为黑色，描边为无，创建大小为 224 × 226 像素的圆角矩形。将素材 4.2.2 置于矩形之上，作为剪贴蒙版。效果如图 4－16 所示。

Step 17 使用文本工具，输入主标题和副标题，主标题大小为 42 像素，副标题大小为 32 像素，价格“¥28.9”的字号为 50 像素。其他文字的大小为 32 像素，最终效果如图 4－17所示。

图　4 – 16

图　4 – 17

Step 18　按照上述方法，使用素材 4.2.3 设计图 4 – 18 所示的内容。

Step 19　选用矩形工具，设置填充为白色，描边为无，创建 W 为 1080 像素，H 为 190 像素的矩形，作为主菜单栏，将“图标 . psd”文件打开，将图标移入界面，作为主菜单栏的图标。效果如图 4 – 19 所示。

图　4 – 18　　　　图　4 – 19

最终效果图如图 4 – 20 所示。

图　4 – 20

4.2.4　任务评价

1）该界面的设计符合 Android 系统的界面设计规范。
2）界面中的状态栏、导航栏、主菜单栏使用正确。
3）界面中的图标正、负形和分类型图标使用正确。

4.2.5　必备知识

Android 系统界面设计比较简单，但是要严格按照 Material Design 的设计规范进行设计，界面的设计尺寸应为 1080 × 1920px、72 像素/英寸的分辨率。

4.2.6　触类旁通

1. 认识设备和显示

首先来谈一谈“设备”。设备作为 UI 设计的大环境，也是一个 Android 系统 UI 设计师最为头疼的问题。在最新的规范中，官方描述了如图 4－21 所示的几种分辨率的设备。

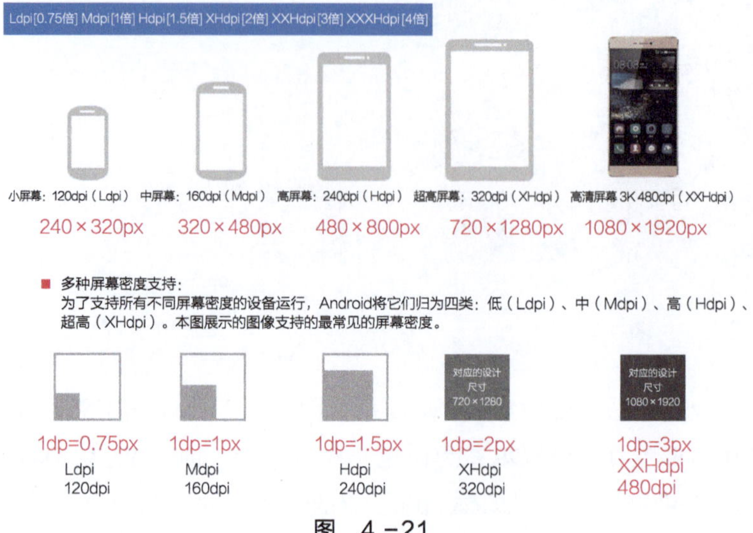

图 4－21

作为 UI 设计师，要关心的是横向分辨率，各种不同分辨率的设备，其分辨率的数值分别为：

Ldpi：240 左右；

Mdpi：320 左右；

Hdpi：480 左右（1.5 倍）；

XHdpi：720 左右（2 倍）；

XXHdpi：1080 左右（3 倍）；

XXXHdpi：1440 左右（4 倍）。

需要说明的是，设备的尺寸和分辨率没有绝对的关系，不是说屏幕大的手机就一定更清晰。如果要为某一个设备做设计并只适配它的分辨率，那一定要关注它的分辨率，而不是它的尺寸，如图 4－22 所示。

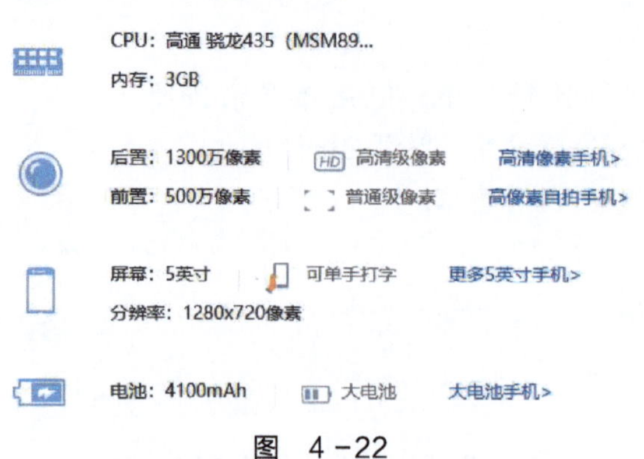

图 4－22

三星 Galaxy 的分辨率是 1080×1920 像素，如图 4－23 所示，也就是说它在横向上的分辨率为 1080 像素，属于 XXHdpi 分辨率的设备。

图　4－23

从数据中可以发现，低分辨率的设备正逐渐被淘汰，XHdpi 或者 XXHdpi 等高分辨率已经几乎成为统一的标准。

只有了解了“设备”这个大环境，才能做好 UI 设计工作。

2. Android 系统的三种重要单位

1）界面设计的尺寸规范标注中，使用 dp 作为间距单位。

2）界面设计的尺寸规范标注中，使用 sp 作为 Android 系统的字体单位。

3）不同设备的屏幕单位（PS 中常用设备的单位）为 px。

三种单位的换算关系如图 4－24 所示。

名称	分辨率（像素）	比率（针对1080P）	px:dp
Hdpi	480×800	1:2	1.5px=1dp
XHdpi	720×1280	1:1.5	2px=1dp
XXHdpi	1080×1920	1:1	3px=1dp

通常情况下1dp=1sp

图　4－24

3. 了解 Android 系统的常用尺寸

1）一般把 48dp 作为可触摸 UI 的标准，48dp＝72px。

2）Android 系统界面最小的可点击区域尺寸是 48dp＝72px。

3）Android 系统界面默认的列表的高度是 48dp＝72px。

4）Android 系统界面每个元素之间的最小间距是 8dp＝12px。

5）Android 系统界面默认的按钮的高度是 40dp＝60px。

4. Android 系统界面图标规范

Android 系统界面图标按照尺寸来分有三种：启动图标、操作栏图标、小图标。

（1）启动图标

启动图标在主屏幕和所有应用中代表着应用，因为用户可以任意设置主屏幕的壁纸，所以要确保启动图标在任何背景上都清晰可见。

大小和缩放：移动设备上，启动图标大小必须是 48 ×48dp，电子市场中的启动图标大小是 512 ×512px。各种大小的启动图标如图 4 –25 所示。

默认的界面规格	320×480（Mdpi）	480×800（Hdpi）	720×1280（XHdpi）
图标规格	48×48px	72×72px	96×96px
启动图标			

图 4 –25

（2）操作栏图标

操作栏图标是 APP 中最常用的图标，在操作栏、列表中都会用到，覆盖的范围极其广泛。

在 720 ×1280px 移动设备的底部操作栏中，图标大小应当控制在 32 ×32dp =48 ×48px。如果图标不呈正方形，则可调整相应尺寸，达到视觉上的大小统一，如图 4 –26 所示。

64px 48px
头条 视频 图库 特权 专区

默认的界面规格	480×800	720×1280
图标大小（dp）	24	24
图标大小（px）	36	48
切图尺寸（dp）	32	32
切图尺寸（px）	48	64

图 4 –26

（3）小图标

APP 中一般在表示特定状态的地方会需要使用小图标。

在 720 ×1280px 的移动设备上，小图标的大小应是 16 ×16dp =32 ×32px，见表 4 –1。

表 4 –1

默认的界面规格	480 ×800	720 ×1280
图标大小 （dp）	12	12
图标大小 （px）	18	24
切图尺寸 （dp）	16	16
切图尺寸 （px）	24	32

Android 官方推荐使用的风格是：中性、平面和简单；使用带有目的性的颜色。

5. 关于适配和建议设备尺寸

（1）适配的概念

如果给出两张不同尺寸的画布，要求你在上面画同样的内容，作为设计师的你，条件反射地想到应该是比例的问题。这个时候，你的参照物就是这个画布。为了得到“好看”的效果，你一定会在比较大的画布上将内容画得更大一些，在小的画布上将内容尽量画小一些，如图4-27所示。

那么，现在要求你将大画布上面的内容放到小画布上去，如图4-28所示。你只有将内容缩小才能将其置于小画布上去，当然，为了“好看”，你会“等比缩小”后再将其放置到小画布上去。

图 4-27　　图 4-28

现在又要求你将小画布上面的内容放到大画布上去：你只有将画得小的内容放大后再将其置于大画布上去，当然，为了“好看”，你会“等比放大”后再将其置于大画布上去。

所以，当在一画布上做设计时，如果对于画布的布局是①、②、③三份，如图4-29a所示，图4-29c是在①、③固定高度的时候，只有③的高度是随着内容的增多而增高。当这块画布被拉长之后（宽度保持不变），为了达到“好看”的效果，并不是如图4-29b所示，将①、②、③一起拉长，而只需要保持①、②的高度不变，而仅仅是将中间③拉长即可。通俗地说，放在下面的元素，就更下面点而已。

在iPhone 4S和iPhone 5S中，打开同一款APP，即可明了。

如果这个画布高度保持不变，宽度上有所增加（这种增加程度是很小的），你会不会为了增加的这一点点比例而去增加各个区域的大小？如图4-30所示。

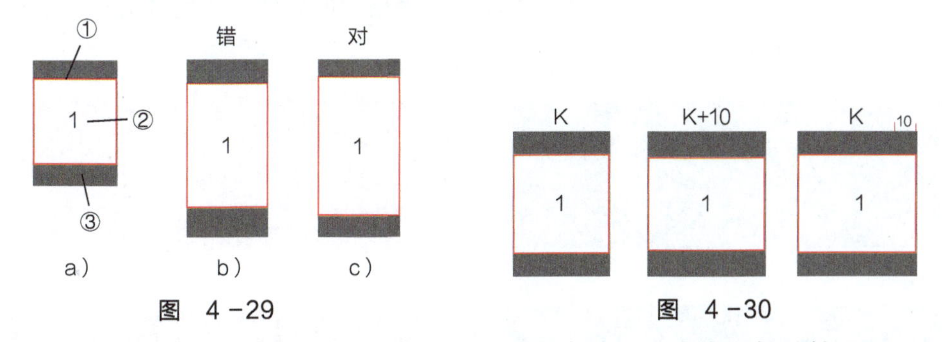

图 4-29　　图 4-30

这里给出的建议是：与前面一个问题一样的思考方式，在宽度增加的情况下，左右的元素就“更加左右”了一些，元素之间的距离就大了一些而已。

以上两个方面谈到的为了达到“好看”的效果而做的工作就是适配。

(2) 建议设备尺寸

参考图4-21。

由上面谈到的“适配”问题可知，建议尽量选择大分辨率入手。

那么，到底选择多大的分辨率入手为好呢？

虽然官方提到的分辨率中最大的为XXXHdpi，大约为1440×2560的分辨率（有关计算方法见项目一），是不是我们就应该在PS（或AI）里建立一个1440×2560像素的画布呢？如图4－31所示。此时图像大小已经高达10.5MB。想象一下，在后续过程中，还要在这个画布上添加内容，建立越来越多的图层，这个源文件会变得越来越大，如果计算机的性能不达标，在设计过程中就会很苦恼。

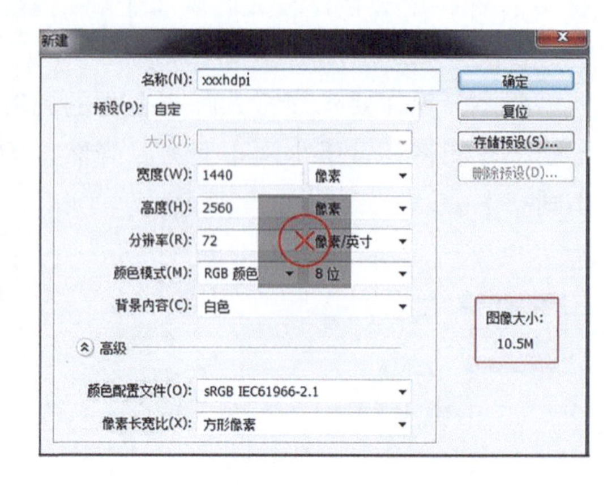

图 4－31

这里给出的建议是，入手分辨率以720×1280px（XHdpi）和1920×1080px（XXHdpi）为佳。

6. 界面颜色使用

选择调色板，限制颜色的数量，在众多基础色中选出三个色度以及一个强调色，如图4－32所示。强调色用于背景，可有可无。

为灰色的文字、图标和分隔线加上Alpha值。为了有效地传达信息的视觉层次，应该使用深浅不同的文本。对于白色背景上的文字，标准Alpha值为87%（#000000）。视觉层次偏低的次要文字，应该使用54%（#000000）的Alpha值。而像正文和标签中用于提示用户的文字，视觉层次更低，应该使用26%（#000000）的Alpha值。

其他元素，如图标和分隔线，也应该具有黑色的Alpha值，而不是实心颜色，以确保它们能适应任何颜色的背景。

对于彩色背景上的白色或黑色文字，可以通过表格中的调色板找到合适的色彩对比度和Alpha值，如图4－33所示。

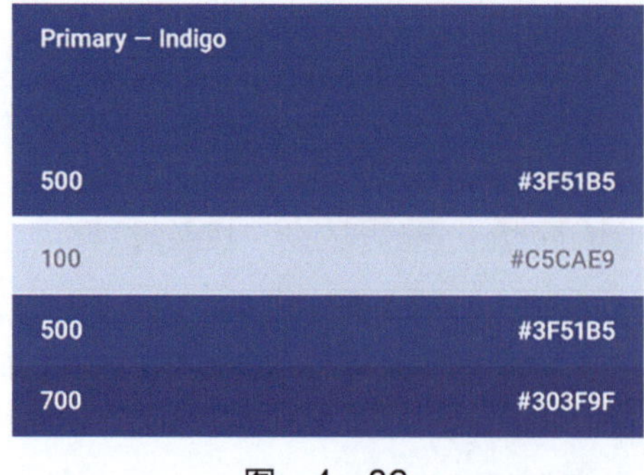

图 4－32

图 4－33

推荐在UI中的大块区域内使用醒目的颜色。UI中不同的元素适合主题中不同的色彩。工具栏和大色块适合使用饱和度为500的基础色，这也是APP的主要颜色。状态栏适合使用更深一些的饱和度为 700 的基础色，图 4－34 所示。

（1） 强调色

鲜艳的强调色用于主要操作按钮以及组件，如开关或滑片，如图 4－35 所示。左对齐的部分图标或章节标题也可以使用强调色。

（2） 备用强调色

如果强调色相对于背景色太深或者太浅，默认的做法是选择一个更浅或者更深的备用颜色。如果强调色无法正常显示，那么在白色背景上会使用饱和度为 500 的基础色。如果背景色就是饱和度为 500 的基础色，那么会使用 100% 的白色或者 54% 的黑色，如图 4－36 所示。

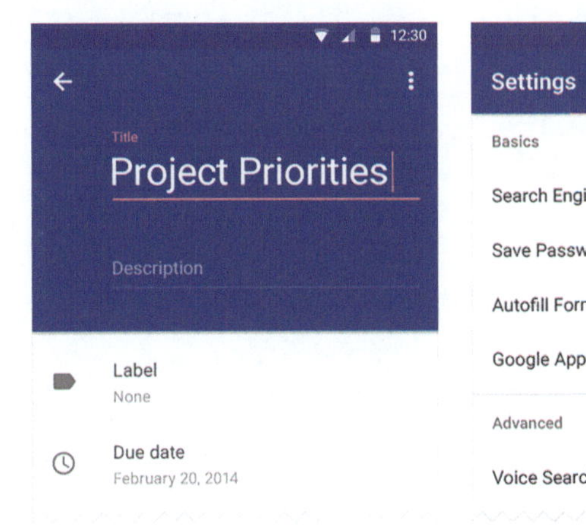

图　4－34

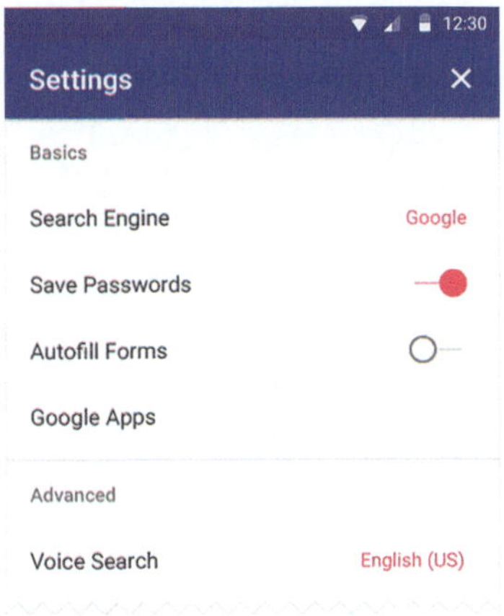

图　4－35

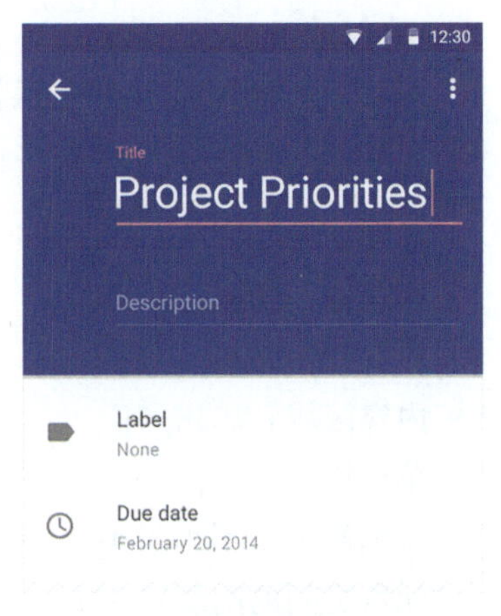

图　4－36

（3） 主题

主题是对应用提供一致性色调的方法。样式指定了表面的亮度、阴影的层次和字体元素的适当不透明度。为了提高应用间的一致性，提供两种主题选择：浅色和深色，如图 4－37 所示。

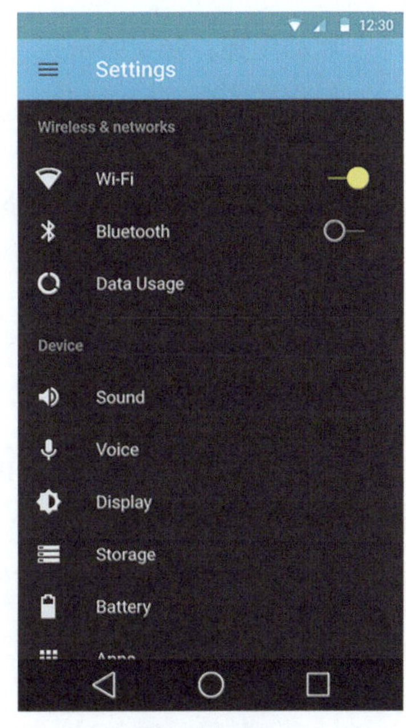

图　4－37

7. Android 系统的字体使用

官网的“字体”一栏，是针对英文版本下的 UI 设计所用字体的说明。Android 4.0 之后的开发引入了全新的 roboto 字体家族，但设计稿中的字体并不会使用在程序里，设计出的仅仅是“效果图”，所以用什么字体完全没有限制。

设计的效果图应该和最终的程序在效果上是高度相同的，所以建议选择思源黑体，也可使用系统的字体作为一个替代，甚至可以用“黑体” “微软雅黑”等，如图 4－38 所示。

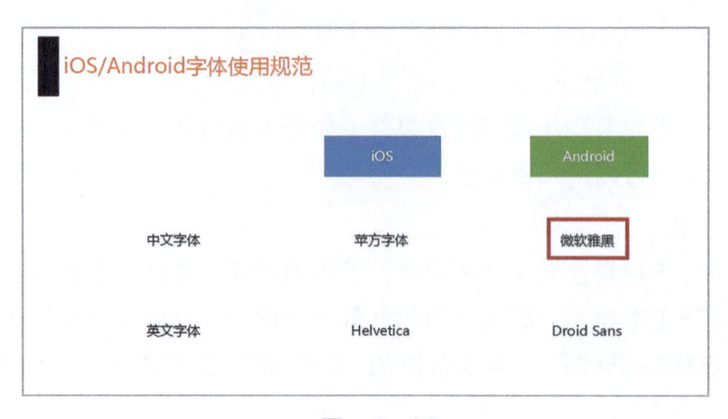

图 4-38

8. 以720×1280（XHdpi）为例详解界面设计规范

(1) 内容尺寸

高度：720×1280（XHdpi）；
状态栏：50px；
导航栏：96px；
内容区域：1038px；
菜单栏：96px；
最细笔画：不小于4px；
元素之间的间距：16px。

(2) 图标尺寸

启动图标：96×96px；
操作栏图标：64×64px；
上下文图标：32×32px；
系统通知栏图标：48×48px；
应用商店启动图标：512×512px。

(3) 字体规范

注释最小字体：24px；
文本字体：28px；
文章标题/图标名称：36px；
导航标题：56px。

项 目 5

界面中的细节营造

职业能力目标

- 能够使用 Photoshop 软件制作 UI 界面
- 能够使用 Photoshop 软件进行 UI 界面细节营造
- 能够依据应用软件的特点合理设计界面风格

任务 1　制作 MBE 风格页面

5.1.1　任务情境

一个儿童英语学习机构委托小明所在的公司制作一款充满童趣的 APP。为了能够吸引儿童的注意，小明计划在设计中采用 MBE 风格。

5.1.2　任务分析

在绘制之前，先来分析并总结一下 MBE 风格的特点。MBE 风格页面示例如图 5-1 所示。

1）外观围绕着深色描线（描线也可以叫描边）。描线与图形偶尔错位开。

2）描线有断线。

3）图形线条简单，比较圆润，基本上都是圆角，高光用线条表示。

4）色泽比较鲜艳大胆，几乎都是明亮色，以明黄色、蓝色为主。

图　5-1

5.1.3　任务实施

下面以绘制萌萌哒小雪糕为例进行讲解。

Step 01　打开 Photoshop（简称 Ps）软件，新建画布，名称为小雪糕，宽度为 800 像素、高度为 600 像素，分辨率为 72 像素/英寸，颜色为 RGB 颜色，8 位，背景内容为白色，如图 5-2所示。

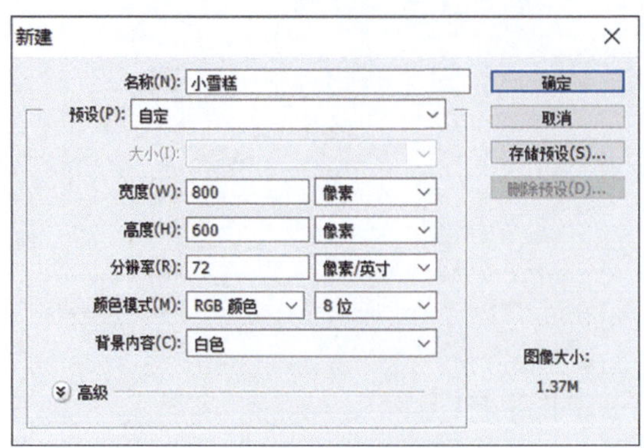

图　5-2

Step 02　用圆角矩形工具绘制出雪糕的外形。

选择圆角矩形工具，如图 5－3 所示。在工具属性栏中选择工具模式为“形状”，填充为无颜色，描边为 10 像素；在“描边”对话框中设置描边对齐为居中，端点和角点都为圆形，如图 5－4 所示。在画布上单击，在出现的“创建圆角矩形”对话框中设置宽度为 200 像素，高度为 260 像素，上圆角为 100 像素（上圆角半径是矩形宽度的一半，使圆角矩形的上部出现半圆），下圆角为 40 像素，如图 5－5 所示。修改图层名为“雪糕描边”。

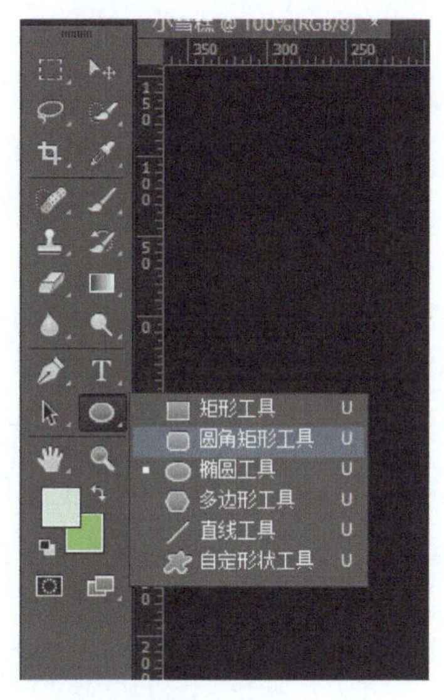

图　5－3

Step 03　复制图层“雪糕描边”，修改新图层名为“雪糕”。选中“雪糕”图层，单击“属性”按钮，打开属性面板，设置填充颜色为蓝色（R0，G204，B255），描边为无色，如图 5－6 所示。

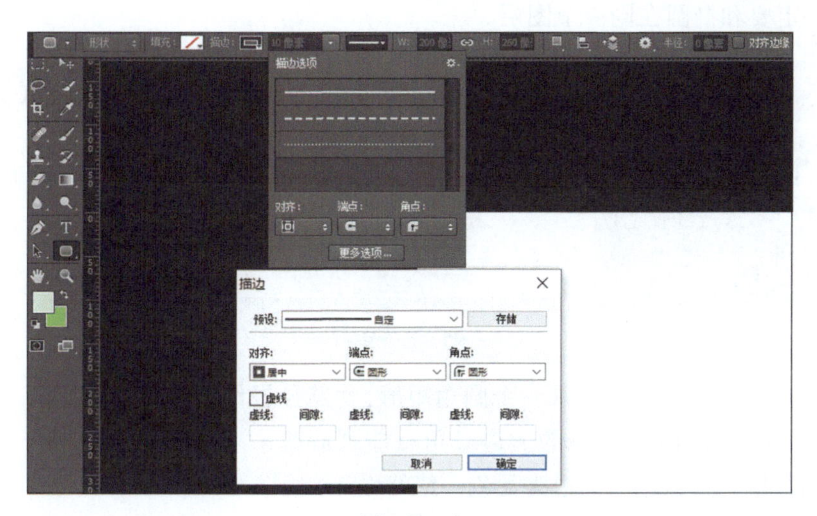

图　5－4

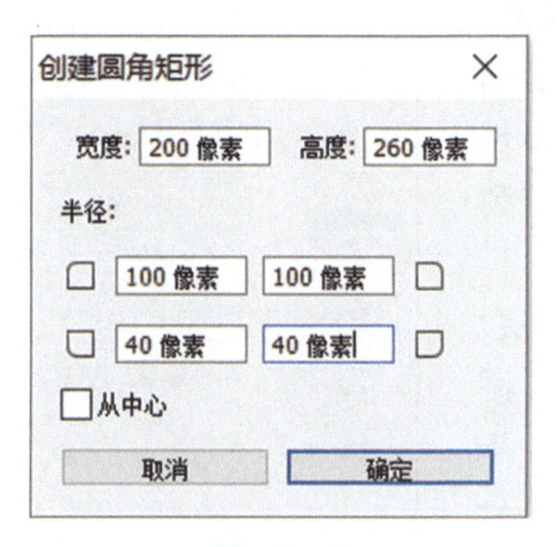

图　5－5

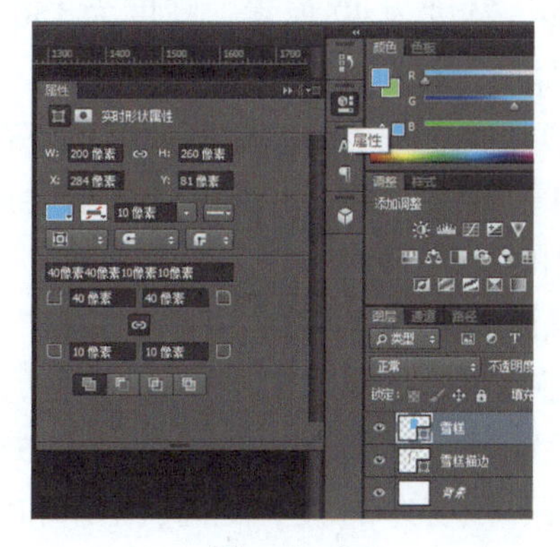

图　5－6

然后，将“雪糕”图层置于“雪糕描边”图层下面，并将“雪糕”图层向右移动20像素。结果如图5-7所示。

图 5-7

Step 04 制作描边断线的效果。先做其中的一段，选中“雪糕描边”图层，在工具箱中选用直接选择工具（俗称小白工具），描边上会出现锚点和路径。再选用钢笔工具。添加三个锚点，锚点之间的距离根据实际情况而定。用小白工具选中中间的锚点并按<Delete>键删除，描边即被分开了。用同样的办法制作其他几段。结果如图5-8所示。

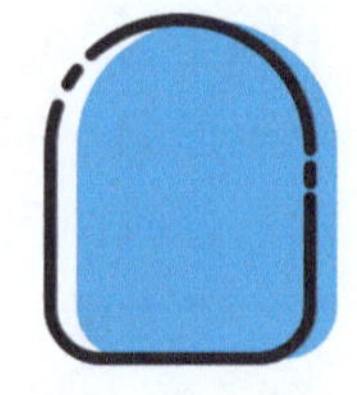

图 5-8

Step 05 绘制眼睛。选择“椭圆”工具，描边为无色，填充为黑色，画上眼睛。注意大小尽量用偶数，这里用的16×16像素。

Step 06 绘制嘴巴和舌头。使用椭圆工具，在属性面板中选择“形状”，画一个椭圆，大小根据实际情况而定，尽量都用偶数。然后，在同一个图层上画一个矩形，在属性面板中单击“路径操作”按钮，在下拉菜单中选择“减去顶层形状”命令，如图5-9所示。

注意：一定要和椭圆在同一个图层。

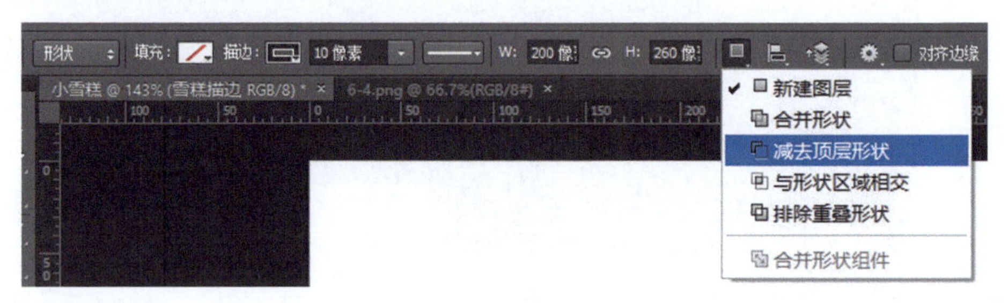

图 5-9

然后，再在同一个图层上增加一个圆角矩形，“路径操作”选择“合并形状”，目的是使椭圆和矩形相减的上边缘角点能圆润起来。舌头使用“椭圆”工具绘制，填充为红色，描边为无色。最终结果如图5-10所示。

图 5-10

Step 07 绘制雪糕棒。选用圆角矩形工具，描边为黑色，填充为黄色，绘制圆角矩形，宽度为40像素，高度为150像素，调整矩形下面左、右的圆角度数为20像素（下圆角半径是矩形宽度的一半，使圆角矩形的下部出现半圆），绘制雪糕棒。并将“雪糕棒”图层调整到“雪糕”图层的下方，调整位置。

再给雪糕添加投影。方法：复制“雪糕”图层，调整复制图层大小，打开“图层样式”对话框，添加内阴影，设置颜色为深蓝色（R0,G114,B255），不透明度为30%，角度为20度，距离、阻塞和大小分别为34、0、0，如图5-11所示。

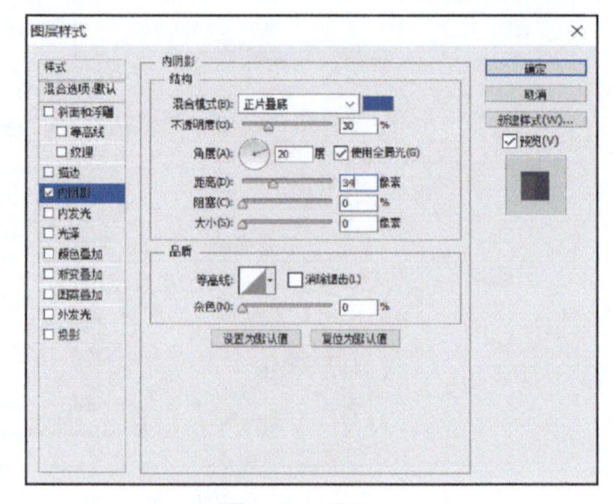

图 5-11

Step 08 最后，画上高光和一些小修饰物。最终结果如图 5-12 所示。

图 5-12

5.1.4 任务评价

1）能够熟练掌握 MBE 风格的设计方法，体现了活泼、灵动的特点，颜色鲜艳、对比强烈。

2）能够熟练使用钢笔工具、填充工具等绘制图形。

3）熟练、准确地完成任务。

5.1.5 必备知识

1）MBE 风格的特点。

2）特粗的深色描线。

3）Q 版化卡通形象，使其可爱。

4）圆滑的线条。

5）鲜明的颜色配色。

6）没有渐变颜色。

7）能快速进行矢量绘制。

8）能快速创作动画效果。

5.1.6 触类旁通

灵活使用 Ps，设计一款充满童趣的 MBE 风格 UI 界面。

任务 2 数据可视化页面的制作

5.2.1 任务情境

小明要为一家互联网企业设计一款新的手机 APP 界面，更灵活地将数据通过可视化方式呈现，以吸引更多人的使用。小明需要将大量的数据使用可视化视图呈现。

5.2.2 任务分析

数据可视化是用高度抽象的图表展示复杂的数据、信息，需要逻辑严密、维度多、变量多。数据可视化效果图能够将数据更加直观地呈现出来，方便理解与分析。数据可视化界面如图 5-13 所示。

5.2.3 任务实施

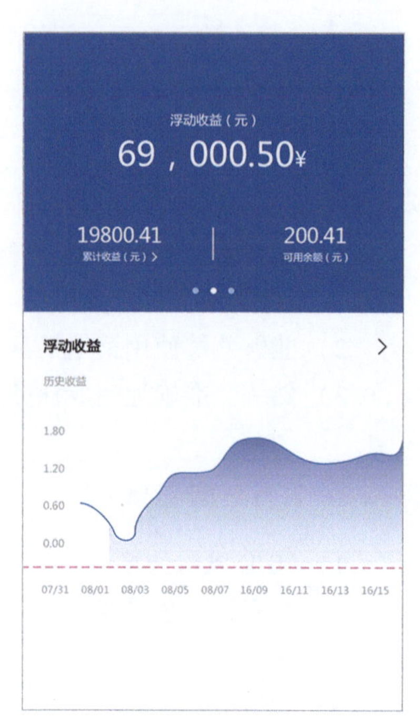

图 5-13

Step 01 新建画布，宽为750像素、高为1334像素，分辨率为72像素/英寸，命名为“数据可视化”。

Step 02 创建蓝色（R0，G108，B255）矩形，宽为750像素、高为550像素，调整位置。结果如图5-14所示。

Step 03 输入文字内容。打开字符面板，设置字体为苹方或者黑体，颜色为白色，调整字符大小，在不同图层输入大小不同的文字，调整透明度。

注意：在移动端，白色文字的减弱方法是使用透明度，该方法不适用于灰色。再绘制竖线。然后调整透明度，制作滚动圆圈，使用“椭圆”工具绘制12×12像素的圆圈，复制图层两次，调整不透明度为60%。结果如图5-15所示。

Step 04 输入下层文字，并在字符面板调整相应参数。结果如图5-16所示。

图 5-14

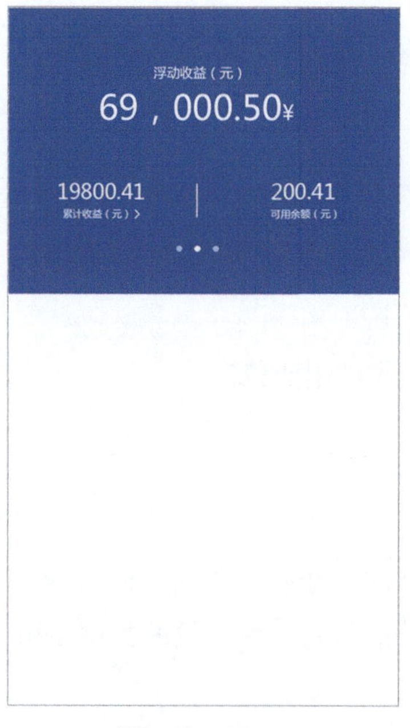

图 5-15

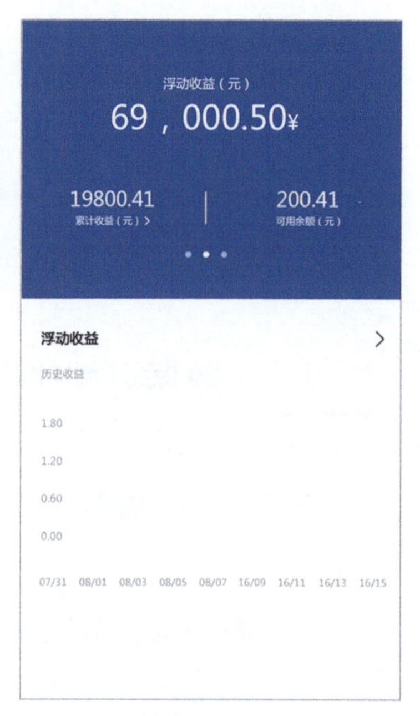

图 5-16

Step 05 绘制分割线。选择直线工具，在属性面板选择“形状”，设置描边颜色为红色（R246，G48，B48），粗细为1像素，设置形状描边类型为虚线，绘制水平直线。结果如图5-17所示。

Step 06　绘制折线。新建图层，命名为“折线”，使用钢笔工具绘制折线，在属性面板中设置填充颜色（可以使用任意颜色），描边颜色为蓝色。

Step 07　创建折线区域内的渐变。新建图层，按照折线区域建立选区，填充渐变，创建剪贴蒙版。最终结果如图5－18所示。

图　5－17

图　5－18

5.2.4　任务评价

1）熟练掌握数据可视化风格，体现了直观、简洁的特点，颜色优雅怡人。

2）熟练使用文字、形状、图层蒙版、剪贴蒙版和渐变填充等。

3）熟练、准确地完成任务。

5.2.5　必备知识

1）按<Alt>键的同时单击图层蒙版，可以进入蒙版编辑状态。

2）按组合键<Ctrl＋A>可全选蒙版素材，按组合键 <Ctrl＋C>可复制蒙版素材。

3）按<Alt>键的同时单击图层蒙版缩略图进入蒙版页面，按组合键<Ctrl＋V>粘贴蒙版素材。

4）在剪贴蒙版中白色部分代表保留的区域，黑色代表删除的区域，灰色显示透明度。

5.2.6 触类旁通

将自己近一年的淘宝支付记录进行数据可视化视图展示。要求能够灵活使用文字、图层蒙版工具，要充分体现数据可视化风格。

任务3 波浪形边的制作

5.3.1 任务情境

妇女节就要到了，小明所负责的移动端软件公司即将举办一个大型的女神购物节，为了能更好地吸引顾客，公司决定推出一些优惠券。小明针对顾客群的心理特征，决定采用波浪形边来设计优惠券。

5.3.2 任务分析

采用波浪形制作分栏装饰线，或用波浪框设计优惠券，会比采用矩形更有设计感、更活泼、更有美感。波浪形边是适用于女性和儿童，体现可爱、甜美、活泼等的设计元素。此种设计在电商网站经常被用到，如图 5－19 所示。

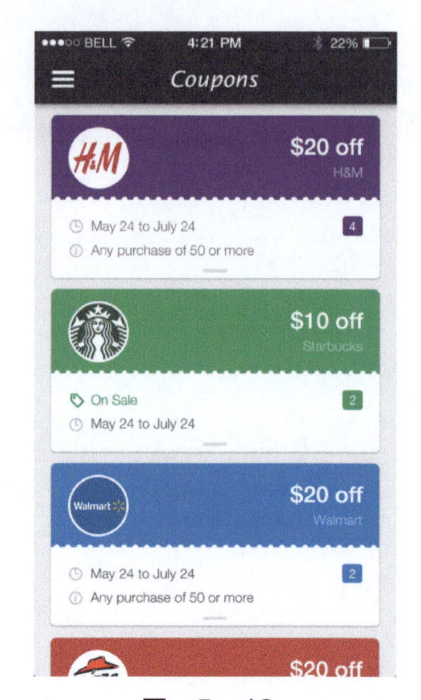

图 5－19

5.3.3 任务实施

Step 01 打开 Ps 软件，选择“文件”→“新建”命令，打开“新建”对话框，设名称为“波浪形边”，宽度为 800 像素，高度为 600 像素，分辨率为 72 像素/英寸，颜色模式为 RGB 颜色，8 位，背景内容为白色，如图 5－20 所示。

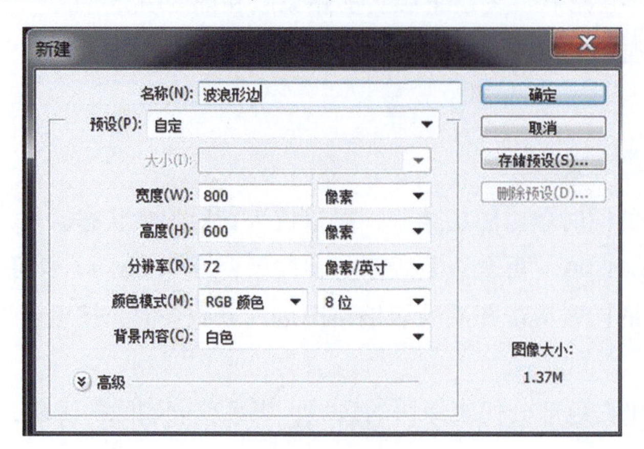

图 5－20

Step 02　选用矩形选框工具绘制一个矩形。然后，选择“编辑”→“填充”命令，用需要的颜色填充，如图5－21所示。

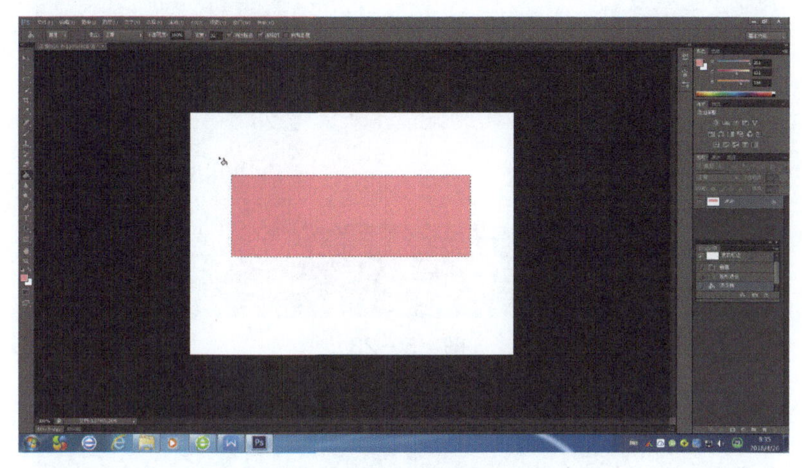

图　5－21

Step 03　绘制波浪形边。

方法1：滤镜法。

1）选择“滤镜”→“扭曲”命令，打开“波浪”对话框，设置“生成器数”为1，“波长”最小、最大分别为6、7，“波幅”最小、最大分别为3、4，“比例”水平、垂直都为100%，如图5－22所示。

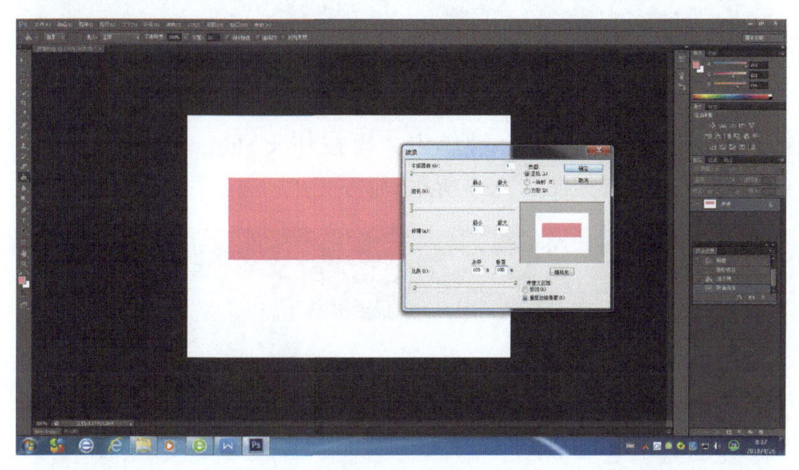

图　5－22

2）单击“确定”按钮，完成设计。结果如图5－23所示。

方法2：画笔法。

1）选用橡皮擦工具，打开“画笔”面板，设置画笔的大小、间距等，如图5－24所示。

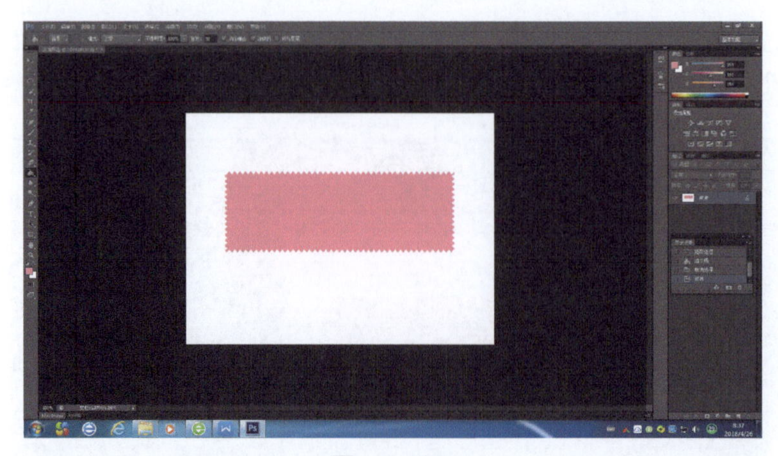

图 5-23

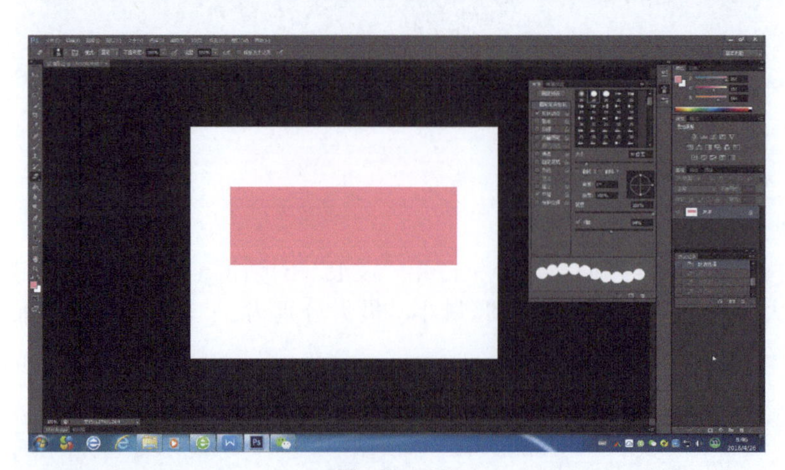

图 5-24

2）选用橡皮擦工具在矩形边缘一端单击，再按住 <Shift> 键，在另外一端再次单击，完成波浪线形边的制作。结果如图 5-25 所示。

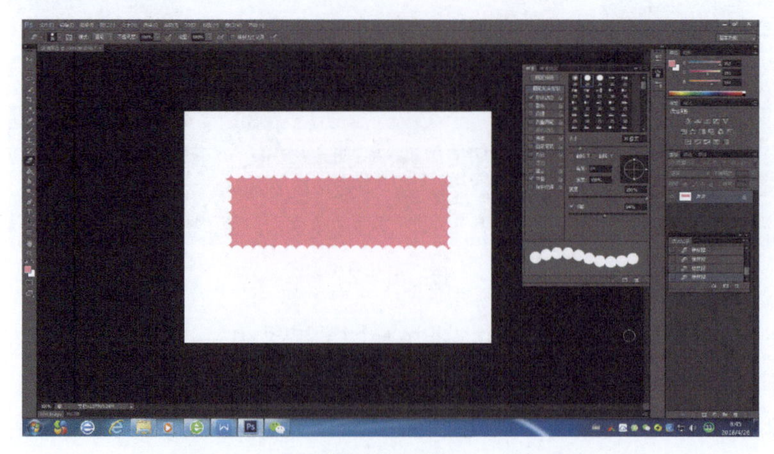

图 5-25

5.3.4 任务评价

1）熟练掌握波浪形边风格，体现了灵动、简洁的特点，颜色符合 APP 风格。
2）熟练使用滤镜、画笔工具等绘制图形。
3）熟练、准确地完成任务。

5.3.5 必备知识

1）选择“滤镜”→“扭曲”命令，打开“波浪”对话框，设置“生成器数”。
2）选用橡皮擦工具，打开“画笔”面板，设置画笔的大小、间距等。

5.3.6 触类旁通

为学校超市制作最新一期的优惠券。要求能够灵活使用滤镜、画笔工具，充分体现波浪形边的风格特点。

任务 4 彩色圆环的制作

5.4.1 任务情境

小明接到一个新的设计任务，既要体现移动端的简洁、大方，又要能引人注意。小明决定采用彩色圆弧来突出信息点。

图 5-26

5.4.2 任务分析

使用彩色圆弧制作的效果图非常有创意、也非常漂亮，如图 5-26 所示。但是如果不掌握有效的制作方法，制作过程还是非常复杂的。

5.4.3 任务实施

扫码看视频

Step 01 打开 Ps，新建画布。设名称为“彩色圆环”，宽度为 800 像素，高度为 600 像素，颜色模式为 RGB 颜色，背景填充为黑色。

Step 02 选用椭圆工具，设置填充为无色（透明）、描边为白色、描边大小为 8 像素，按组合键 <Shift + Alt>

画一正圆。结果如图 5－27 所示。

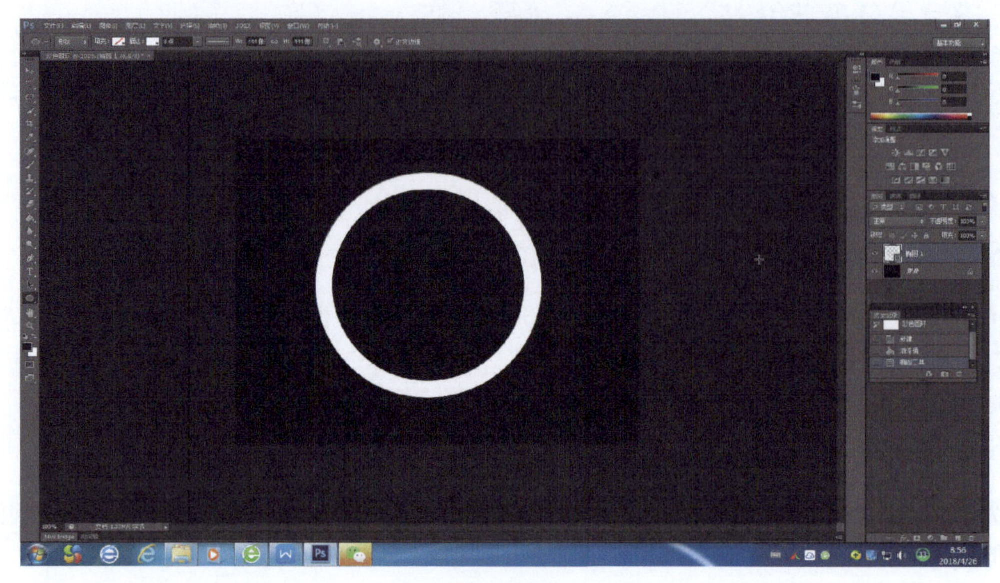

图 5－27

Step 03 选中“椭圆 1”图层并命名为“光晕”。双击图层“光晕”，给它添加图层样式，渐变叠加角度设为 45 度，如图 5－28 所示。单击“确定”按钮完成设置。

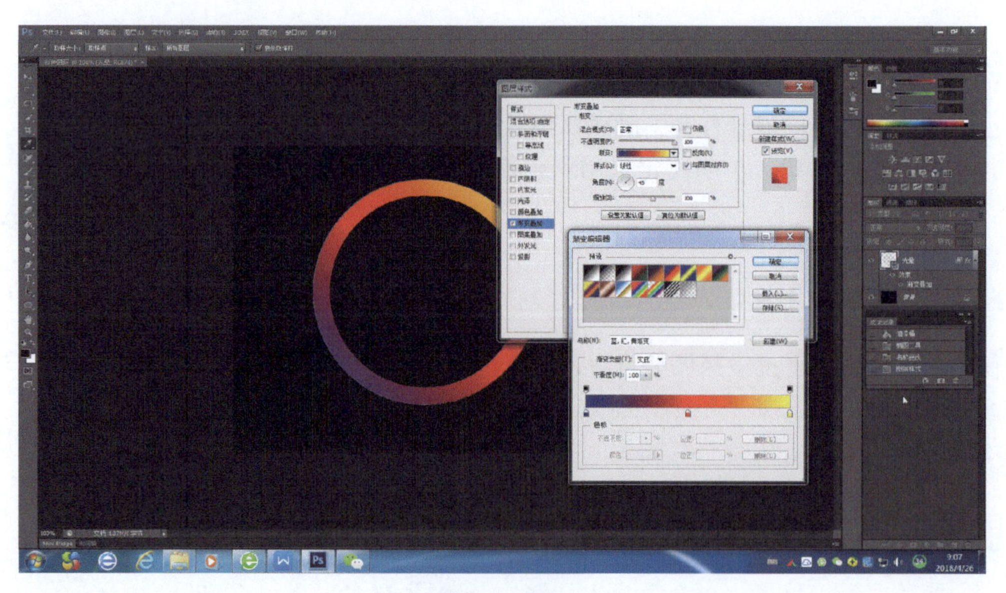

图 5－28

彩色圆环是 UI 设计中经常使用的一种表现形式，它的制作方法还有很多。看过上面的操作，是不是有所启发呢？自己动手尝试一下吧！

5.4.4 任务评价

1）熟练掌握彩色圆环风格，体现了灵动、简洁的特点，颜色符合APP风格。
2）熟练使用椭圆形、图形样式工具等绘制图形。
3）熟练、准确地完成任务。

5.4.5 必备知识

图层样式是Ps中一个用于制作各种效果的强大功能。利用图层样式功能，可以简单、快捷地制作出各种立体投影、各种质感以及光景效果的图像特效。与不用图层样式的传统操作方法相比较，使用图层样式功能具有速度更快、效果更精确、更强的可编辑性等无法比拟的优势。

5.4.6 触类旁通

设计一款奥运会题材的APP。要求能够灵活使用椭圆工具、图层样式工具，要充分体现彩色圆环的风格特点。

任务5 下雨天玻璃效果的制作

5.5.1 任务情境

小明在进行一款APP界面设计的时候，需要添加一张下雨天玻璃效果的图片，但是现在是晴天不能实景拍摄，所以他需要自己制作一张。下雨天玻璃效果制作方法很简单，重在理解思路和细节刻画。

5.5.2 任务分析

浪漫的下雨天，隔着雨帘看窗外，淅淅沥沥的雨声和模糊的风景，沉浸在自己的小世界中，隐隐现出人脸，很是唯美。在Photoshop软件里通过使用滤镜和一些图像处理操作，把下雨图片和人脸结合在一起，可以营造出在下雨天透过玻璃拍照的效果，唯美、有意境，如图5-29所示。

图 5-29

5.5.3 任务实施

Step 01 先在网上找到一些清晰的人脸和下雨天的图片，使用 Photoshop 软件打开，选择“文件”→“打开”命令即可。结果如图 5-30 所示。

图 5-30

Step 02 双击人脸图片“背景”图层得到“图层 0”即可解锁图层，按组合键 <Ctrl + J>，得到“图层 0 副本”图层，即复制图层，如图 5-31 和图 5-32 所示。

图 5-31

图　5－32

Step 03　选择“滤镜”→“滤镜库”命令打开滤镜库，在“扭曲”下拉列表栏中选中“玻璃”滤镜，在右侧窗口设置滤镜的数值并预览效果，纹理一般选择“画布”效果，扭曲度等其他参数根据图片需要进行设置，如图 5－33 所示。完成后单击“确定”按钮退出该界面。

图　5－33

Step 04　打开计算机中保存的窗外下雨的图片，按组合键 <Ctrl＋T> 进入自由变换状态。调整图片大小盖住人脸，也可以适当调整角度。结果如图 5－34 所示。

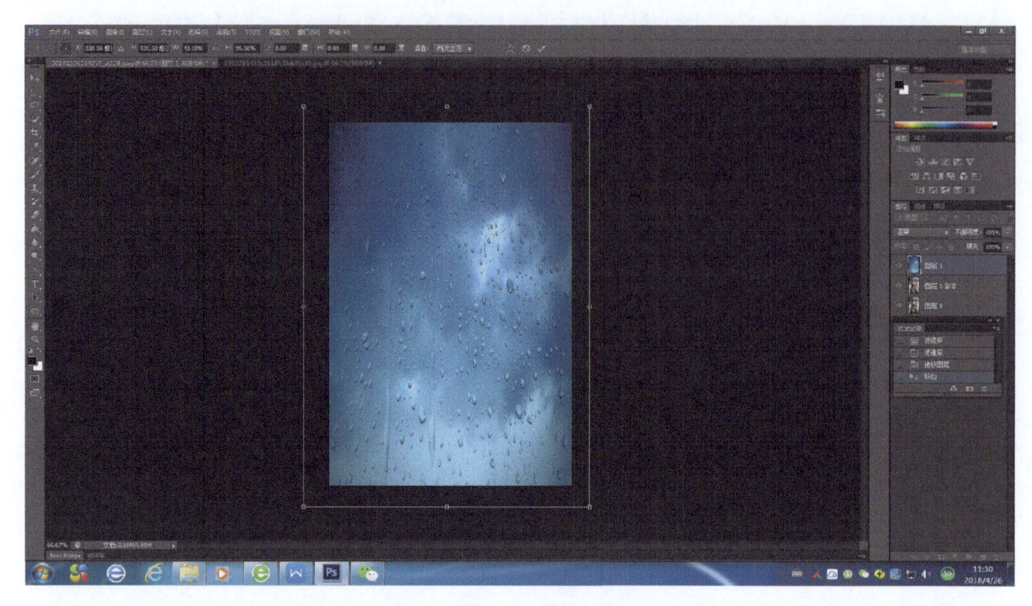

图 5-34

Step 05 调整好后单击上面菜单栏中的“√”按钮完成操作，记住下雨图片是“图层1”。需要注意的是，下面这几步操作是在“图层 1”中进行的。选择“图像”→“调整”→“色相/饱和度”命令，或直接按组合键 <Ctrl+U>，打开“色相/饱和度”对话框，将饱和度设置成-100，将图片变成黑白的，如图 5-35 所示。若图片比较简洁，可以不把图片设成黑白的。

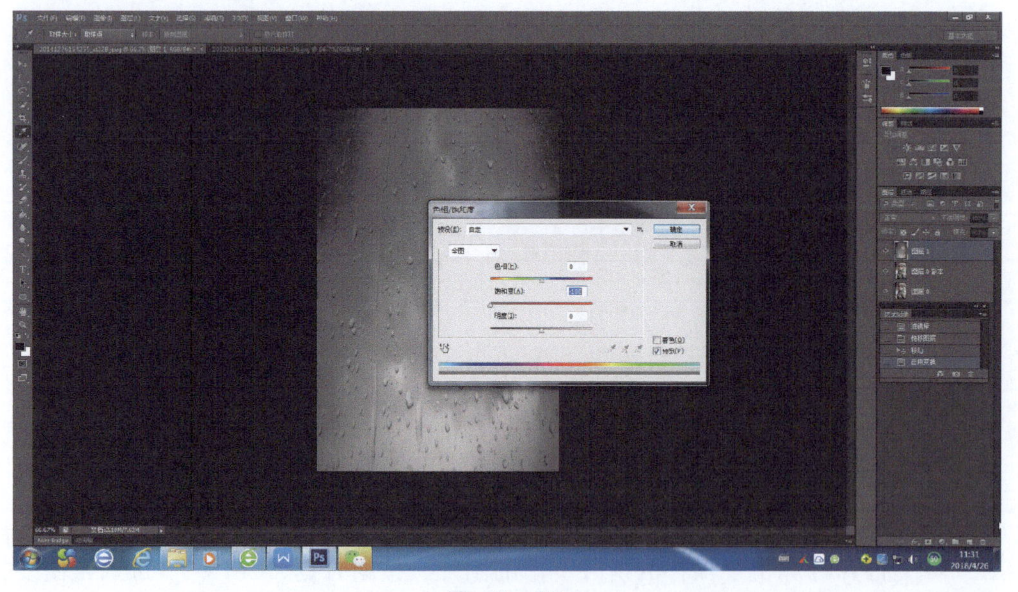

图 5-35

Step 06 将图层效果设置为“强光”，如图5－36所示。然后，选择“图像”→“调整”→“色阶”命令，打开“色阶”对话框。在“输入色阶”中拖动滑块调整数值查看效果，即调整图片的明暗度；再降低图层的不透明度，也可以结合填充度一起来完成，如图5－37所示。

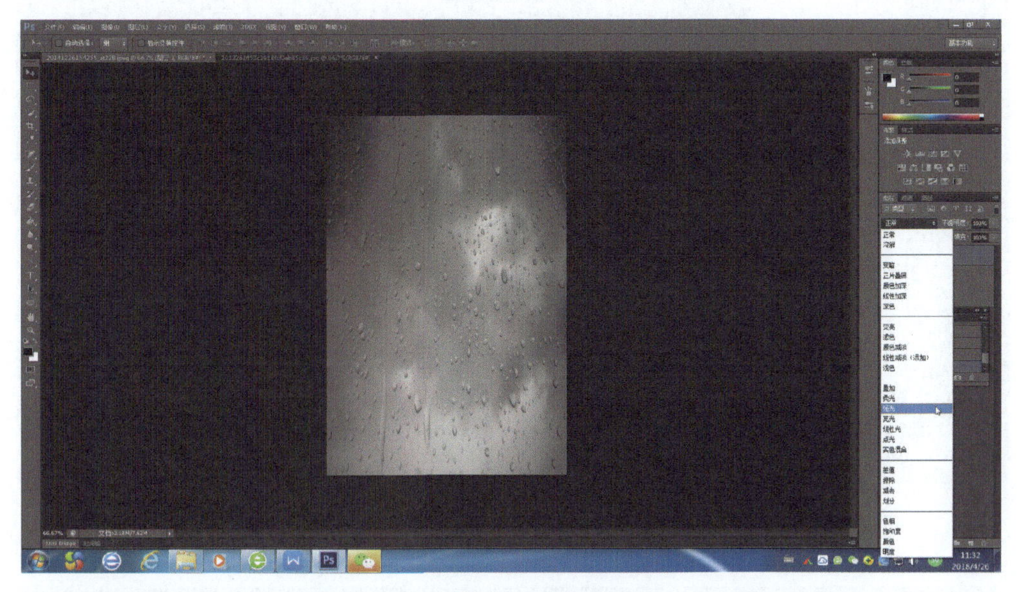

图 5－36

图 5－37

Step 07 单击选中“图层0副本”图层，选择“图层”→“图层蒙版”→“显示全部”命令（见图5－38），打开图层蒙版。调整画笔大小，建议使用软点儿的画笔，可以把眼睛显示得比较有感觉，可以通过适当调整透明度来涂抹营造“若隐若现”的效果，如图 5－39 所示。

图 5－38

图 5－39

Step 08 可以适当通过“色相/饱和度”和“色阶”对话框再调整下效果图，使图片更明亮、对比更明显。效果如图 5－40 所示。

图 5-40

5.5.4 任务评价

1）熟练掌握下雨天玻璃效果的制作方法，效果图符合APP风格。

2）熟练使用图层蒙版、色阶等工具调整图像。

3）熟练、准确地完成任务。

5.5.5 必备知识

图层蒙版可以理解为在当前图层上面覆盖一层玻璃片，这种玻璃片可以透明、不透明和半透明。用各种绘图工具在蒙版上（即玻璃片上）涂色（只能涂黑、白、灰），涂黑色的地方蒙版变为不透明，看不见当前图层的图像，涂白色则使涂色部分变为透明，可看到当前图层上的图像，涂灰色使蒙版变为半透明，透明的程度由涂的灰色的深浅决定。

几个制作蒙版的方法如下：

1）使用菜单栏中的图层蒙版命令添加。在Photoshop中打开图片后，选中要添加图层蒙版的图层，然后在“图层”→“图层蒙版”下的子菜单中选择相应的命令即可。

2）使用图层面板添加图层蒙版。选中要添加图层蒙版的图层，单击图层面板下面添加图层蒙版图标。默认将添加“显示全部”的白色图层蒙版。按住<Alt>键单击图层蒙版，可以进入蒙版编辑状态。

3）利用工具箱中的快速蒙版显示模式工具产生一个快速蒙版。

5.5.6 触类旁通

为学校制作新一年的招生宣讲册，需要添加雨后校园景色。要求能够灵活使用 Ps 制作一张雨后校园的图片，要充分体现雨后的校园美景。

任务 6 渐变色背景的制作

5.6.1 任务情境

小明所在的公司接到一个新的任务，顾客是一家科技公司，为了体现科技 APP 的特点，在界面设计中，小明将使用渐变色背景设计。

5.6.2 任务分析

渐变色背景能够给人丰富的视觉感受，同时也能够表达丰富的情感。

5.6.3 任务实施

Step 01 新建画布，命名为“渐变色背景”，其他参数如图 5 -41 所示。

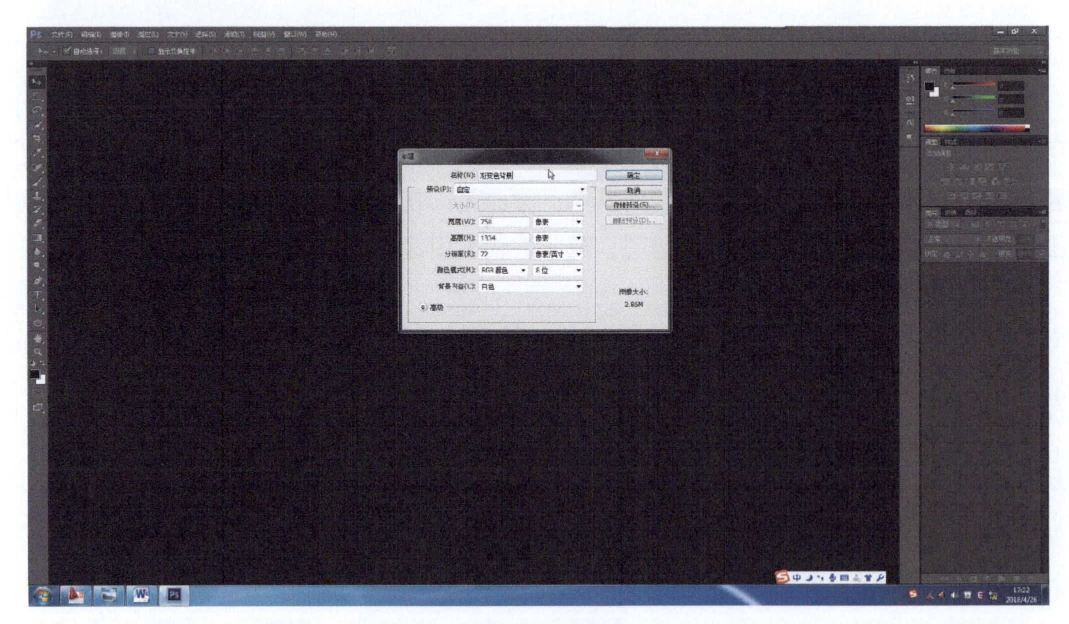

图 5 -41

Step 02　调出标尺，放在画布上边，如图5-42所示。

图　5-42

Step 03　使用钢笔工具绘制几何图形，如图5-43所示。将几何图形编组。

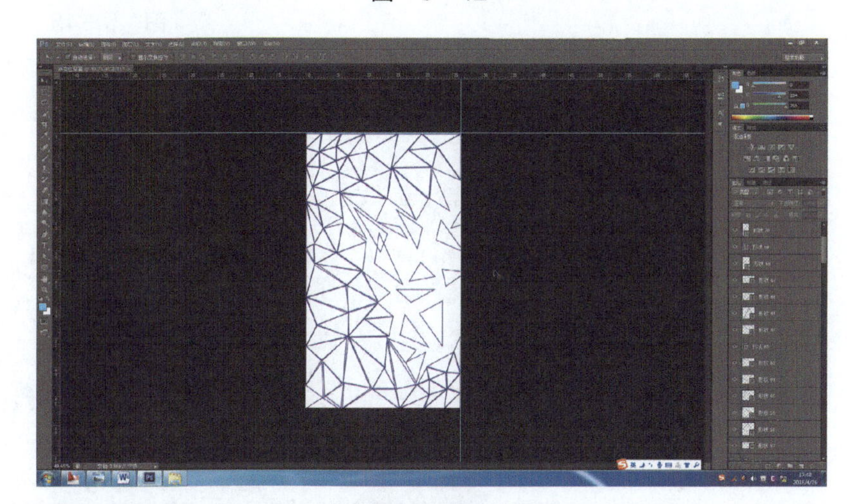

图　5-43

Step 04　新建图层，填充渐变，将其放在几何图形下方，如图5-44所示。

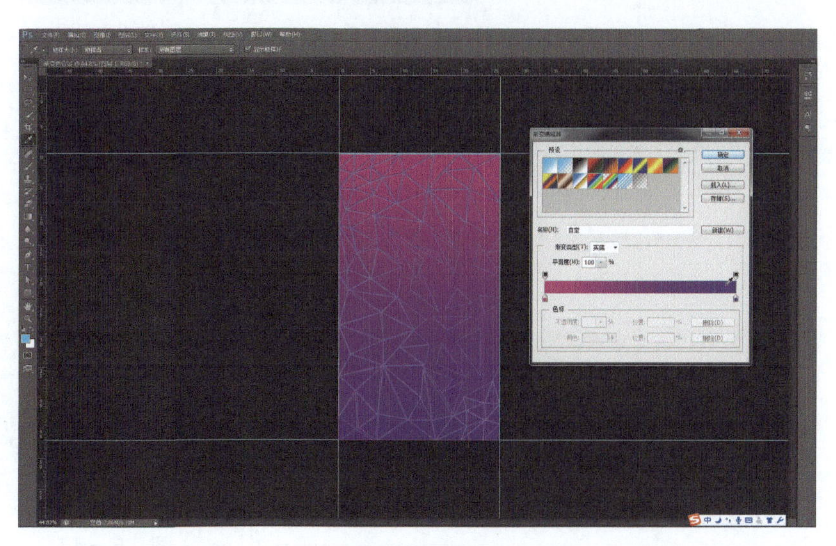

图　5-44

Step 05 复制渐变背景，移动到几何图形上方，如图 5－45 所示。对几何图形组创建剪贴蒙版，如图 5－46 所示。

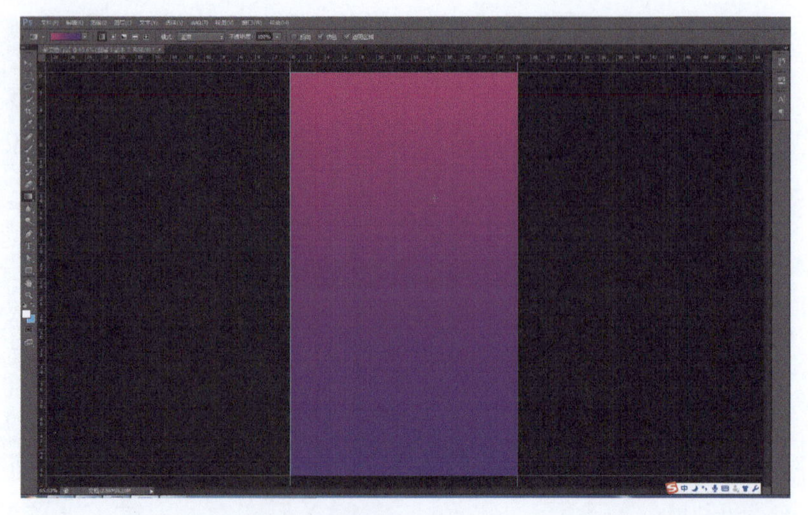

图 5－45

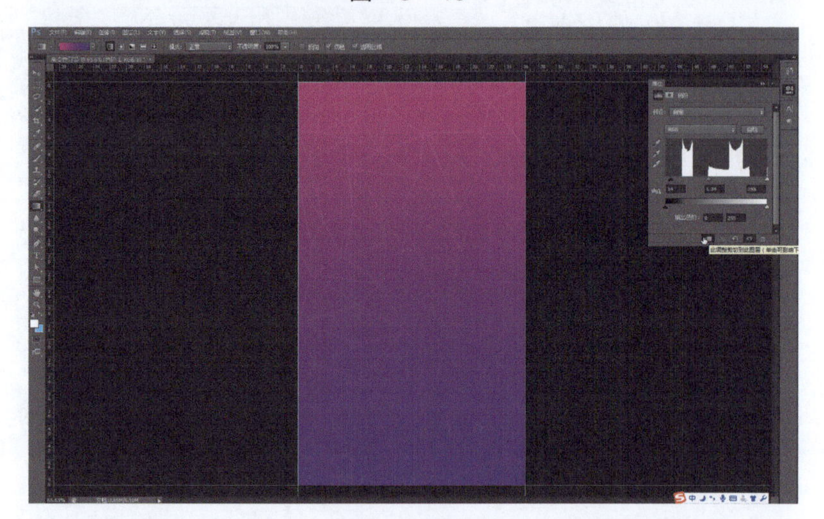

图 5－46

Step 06 输入文字，添加矩形线条，如图 5－47 所示。至此，制作完成。

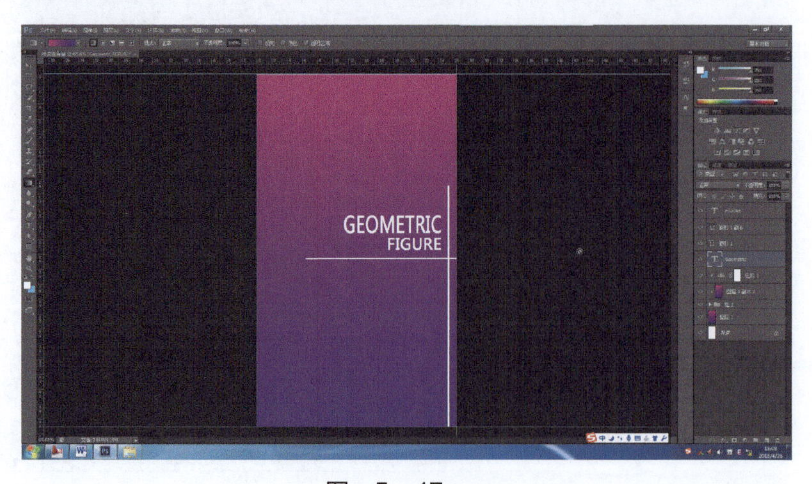

图 5－47

5.6.4 任务评价

1）熟练掌握渐变色背景的制作方法，效果图符合 APP 风格。

2）熟练使用剪贴蒙版、标尺等工具调整图像。

3）熟练、准确地完成任务。

5.6.5 必备知识

1. 剪贴蒙版的组成

剪贴蒙版是由多个图层组成的群体组织，最下面的一个图层叫作基底图层（简称基层），位于其上的图层叫作顶层。基层只能有一个，顶层可以有若干个。

从广义的角度讲，剪贴蒙版是指包括基层和所有顶层在内的图层群体。从狭义的角度讲，剪贴蒙版单指其中的基层。因为基层是这个群体内的唯一影响源，它的任何属性都可能影响到所有顶层；而每个顶层则只是受基层影响的对象，不具有影响其他层的能力。

2. 剪贴蒙版的作用机理

基层是整个图层群体的代表。它本身什么属性也没有（即图层不透明度、填充不透明度、像素不透明度均为100%，而且混合模式为正常，没有应用图层效果），它上面所标记的各种属性（如像素不透明度、图层不透明度、填充不透明度、混合模式及图层效果等）都是包括基层和所有顶层在内的图层群体所共有的属性。在混合时，首先是各个顶层及基层按照其自身的混合属性彼此相互混合，然后整个图层群体再以原来基层所标记的各种混合属性与下面的图层进行混合。这也就是说，剪贴蒙版事实上改变了图层的混合顺序。

5.6.6 触类旁通

请为学校即将到来的科技艺术节制作宣传海报。为了使海报更加具有美感，需要使用渐变色背景。

任务7 多格圆环的制作

5.7.1 任务情境

小明的公司接到一个新任务，需要为某购物平台设计 APP。在进行移动端界面设计的时候，为了能够更吸引消费者的注意，小明将采用多格圆环的设计。

5.7.2 任务分析

圆环是设计中经常会用到的设计元素。圆环形象简洁、明了，能够凸显信息要点，又可以很好地吸引注意力，所以在设计中被频繁使用。图 5－48 所示就是一个圆环设计示例。

图 5－48

5.7.3 任务实施

Step 01 新建文件。打开 Photoshop，选择“文件”→“新建”命令，按图 5－49 所示新建画布。

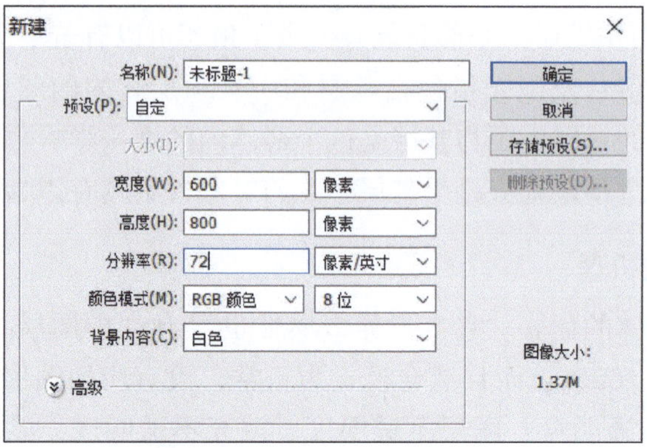

图 5－49

Step 02 建立圆形选区，并填充绿色。

新建图层 1，按组合键 <Ctrl＋R> 打开标尺，在画布的水平中点和垂直中点建立参考线，选用椭圆选框工具，按住 <Alt＋Shift> 组合键，在画布中心绘制正圆，如图 5－50 所示。

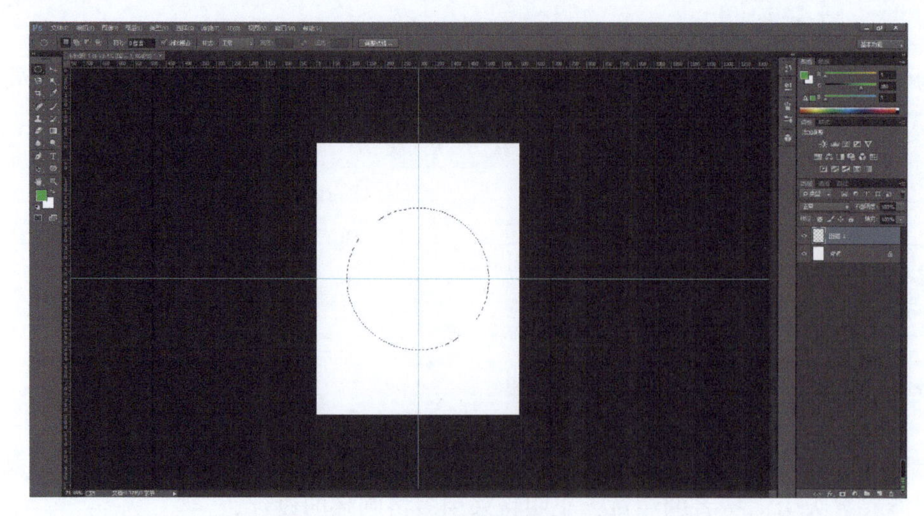

图 5－50

打开拾色器，按图5－51所示设置前景色为绿色。单击“确定”按钮，关闭拾色器。然后，按组合键<Alt＋Delete>填充颜色，效果如图5－52所示。

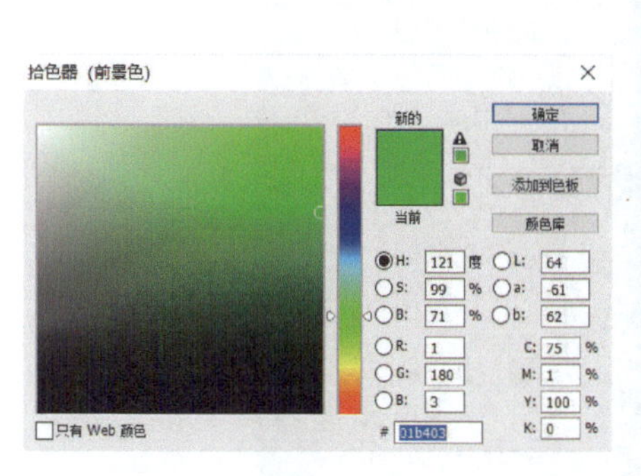

图　5－51

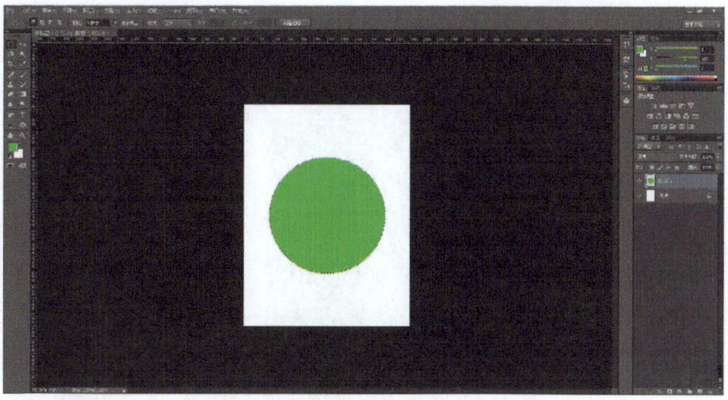

图　5－52

Step 03　制作圆环。

右击图形，选择“变换选区”命令，如图5－53所示。

按住<Alt＋Shift>组合键，以中心点为原点，等比例缩放选区，如图5－54所示。

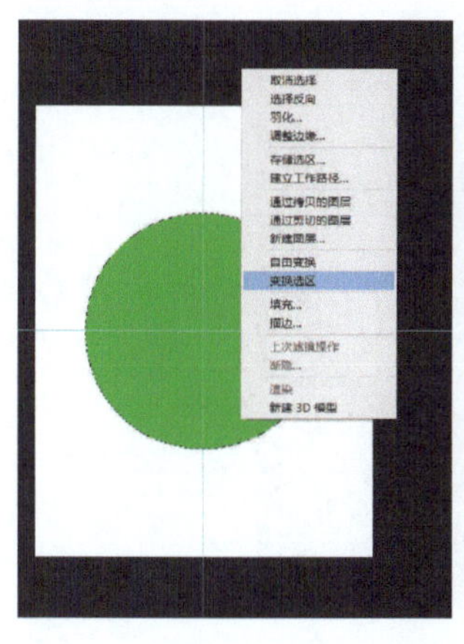

图　5－53

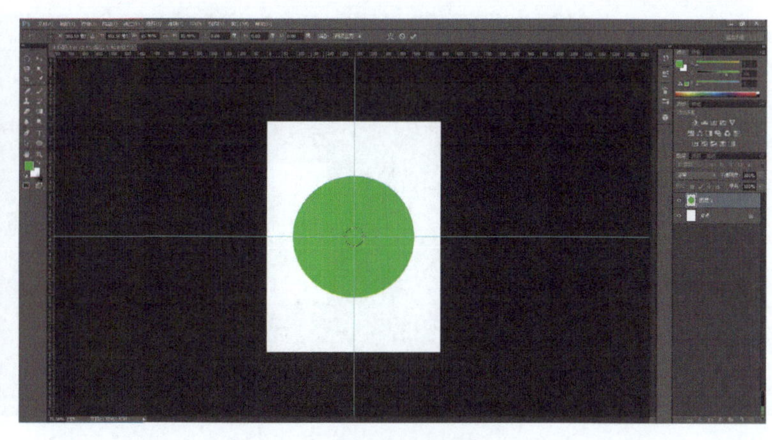

图　5－54

按<Enter>键，确定选择区域，再按<Delete>键删除选区。效果如图5－55所示。

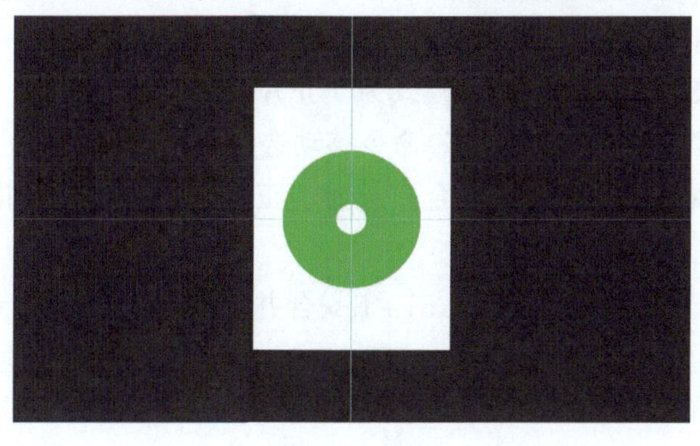

图　5－55

Step 04 制作第一个彩色方格。

使用矩形选框工具建立选区，并新建图层 2，如图 5 – 56 所示。

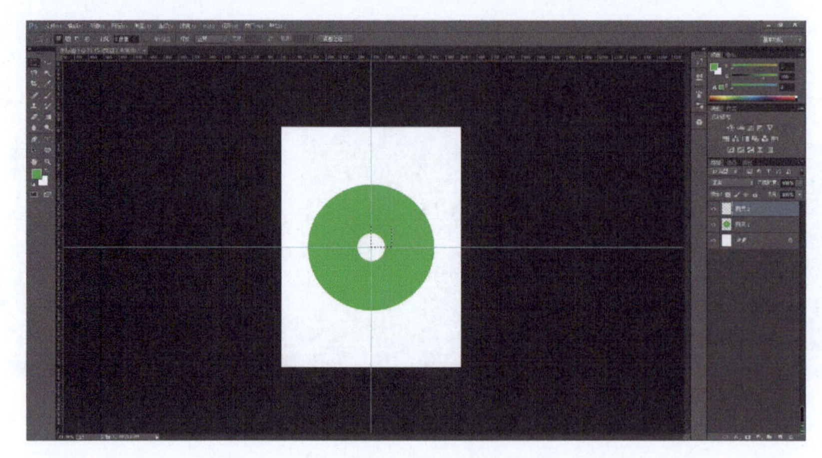

图 5 – 56

按组合键 < Alt + Delete > 填充颜色。设置图层 2 的图层混合模式为“正片叠底”。效果如图 5 – 57 所示。

图 5 – 57

Step 05 建立第一行彩色方格。

新建图层 3，并利用“变换选区”命令移动选区，选取图层 2 正片叠底后的颜色，填充图层 3 的选区。设置图层 3 的图层混合模式为“正片叠底”。

新建图层 4，继续利用“变换选区”命令移动选区，选取图层 3 正片叠底后的颜色，填充图层 4 的选区。设置图层 4 的图层混合模式为“正片叠底”。效果如图 5 – 58 所示。

Step 06 制作第二行彩色方格。

复制图层 2 ~ 图层 4，按组合键 < Ctrl + E > 合并复制的图层，得到“图层 4 拷贝”图层，移动“图层 4 拷贝”图层。按组合键 < Ctrl + B >，打开“色彩平衡”对话框，按图 5 – 59所示调整色彩平衡。

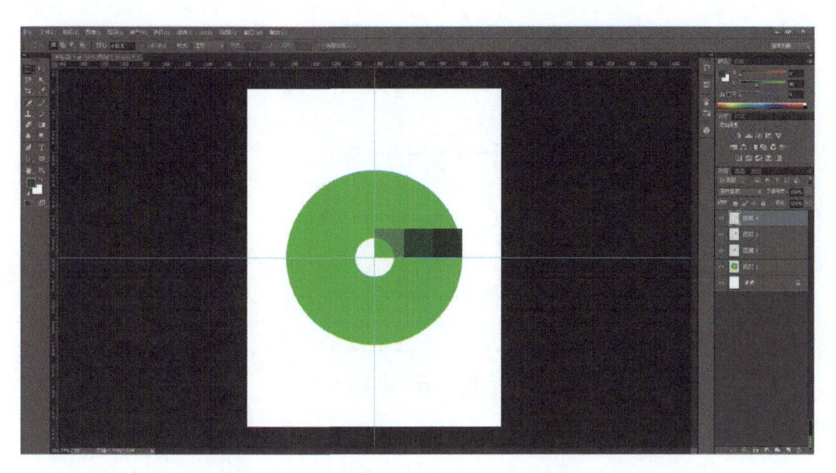

图　5－58

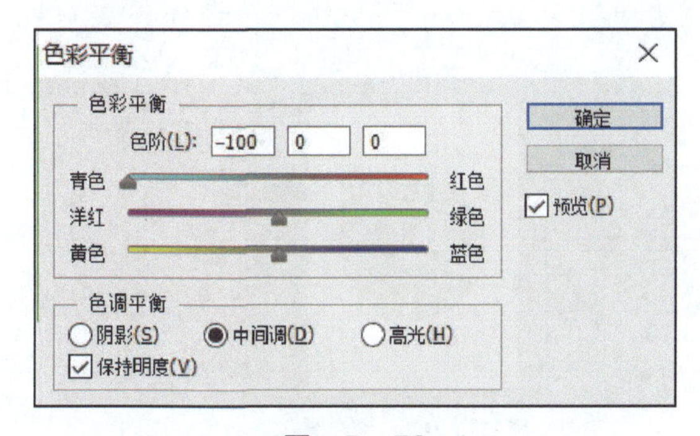

图　5－59

效果如图5－60所示。

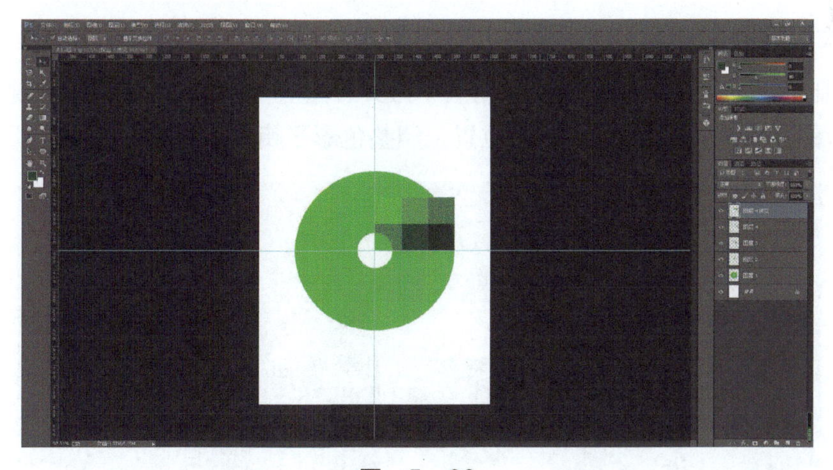

图　5－60

Step 07　制作第三行彩色方格。

复制“图层4拷贝”图层得到“图层4拷贝2”图层，移动“图层4拷贝2”图层。打开“色彩平衡”对话框，按图5－61所示调整色彩平衡。

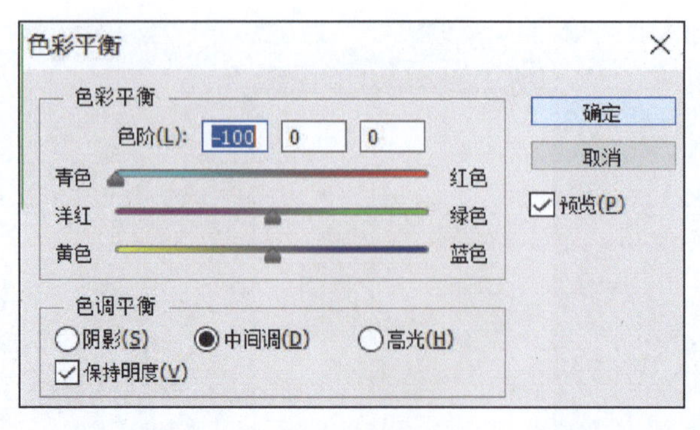

图 5-61

效果如图 5-62 所示。

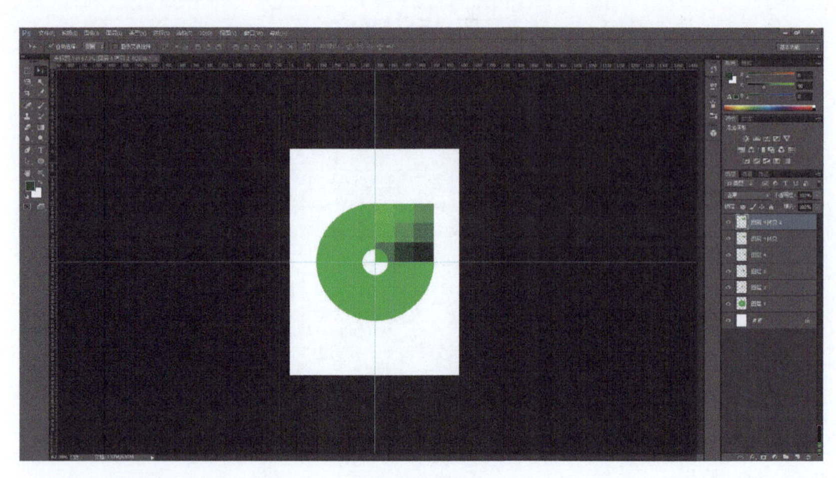

图 5-62

Step 08 制作其他彩色方格。

制作复制图层 2、图层 3、图层 4、图层 4 拷贝和图层 4 拷贝 2，并按组合键 <Ctrl + E> 合并得到“图层 4 拷贝 5”图层，移动位置，调整色彩平衡，效果如图 5-63 所示。

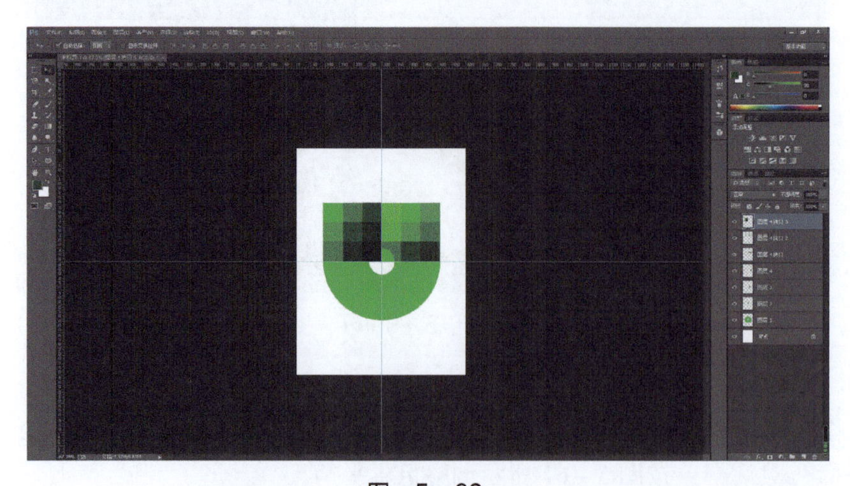

图 5-63

复制“图层4拷贝5”图层得到“图层4拷贝6”图层，移动位置，调整色彩平衡。

复制“图层4拷贝6”图层得到“图层4拷贝7”图层，移动位置，调整色彩平衡。效果果如图5-64所示。

图 5-64

Step 09 选择除图层1之外的其他图层，按组合键<Alt+Ctrl+G>，创建剪贴蒙版。最终效果如图5-65所示。

图 5-65

5.7.4 任务评价

1）熟练掌握方格圆环的制作方法，效果图符合APP风格。

2）熟练使用色彩平衡、标尺等工具调整图像。

3）熟练、准确地完成任务。

5.7.5 必备知识

色彩平衡是 Ps 图像处理中的一个重要方法，可以用于矫正图片偏色，也可以根据自己的喜好进行调整。色彩平衡的计算速度很快，因此非常适合用于调整较大的图像文件。

色彩平衡简单来说就是利用渐进的调整方式改变图像色彩，与色相/饱和度直接改变颜色的方式是不一样的。开启“色彩平衡”对话框，试着调整青色—红色平衡轴，在调整的过程中会发现画面中每一种颜色会按照调整的青色—红青色—红色的结果而增加红色或青色；再试着调整黄色—蓝色平衡轴，画面中的色彩都是依照黄色与蓝色的增减做改变。

5.7.6 触类旁通

请为学校即将到来的科技艺术节制作宣传海报。为了海报更加具有美感，需要使用渐变色背景。

项 目 6
综合项目实训

职业能力目标

- 美食类 APP 的制作
- 健身类 APP 的制作

任务1　美食类 APP 的制作

6.1.1　任务情境

转眼间小明进入公司已经半年了，已经掌握了移动端界面设计的规范和要求，开始参与 APP 界面设计了。

6.1.2　任务分析

这是一款关于美食的 APP，美食类 APP 是近几年比较火的题材，受到大众的欢迎。在进行设计之前，首先要和运营商进行沟通，了解该 APP 的受众群体以及受众群体的特点或偏好，从而确定采用的色彩和布局；还需要对其他类似的 APP 进行竞品分析，借鉴可取之处；最后明确该 APP 是基于哪个系统设计的。

6.1.3　任务实施

小明了解到这是一款关于花样甜点的美食 APP，受众群体为青少年，而且女性偏多。针对受众的心理和对食物的追求特点，需根据要求设计符合 iOS 系统的 APP 界面。小明准备用一系列浅色作为界面的表现色，用美食素材来吸引受众群体，设计形式上多次用到卡片式设计和悬窗式设计。

具体制作步骤如下。

1. 引导页的设计

引导页采用的是整张图片作为背景图，结合较为艺术的字体进行设计。文字采用不同字体和字号相结合的方法。图片采用素材 0.1.jpg、0.2.jpg、0.3.jpg。制作效果如图 6－1 和图 6－2 所示。

图　6－1

2. 登录页和注册页的设计

（1）登录首页设计

Step 01　在 Photoshop 中创建一个新的文档，大小为 750 × 1334px。置入素材 0.4.jpg，如图6－3所示。

图　6－2

图　6－3

Step 02　输入文字。英文文字字体为方正粗谭黑简体、大小为60像素，中文文字字体为苹方常规字体、大小为32像素。效果如图6－4所示。

图　6－4

Step 03　制作登录按钮。选用圆角矩形工具，新建一个圆角矩形，半径为5像素。在圆角矩形中输入文字，字体为苹方常规字体、大小为36像素。效果如图6－5所示。

Step 04　选用直线工具，创建两条直线，粗细为2像素。

Step 05　输入文字，字体为苹方常规字体、大小为34像素。效果如图6－6所示。

图　6－5

图　6－6

Step 06 选用矩形工具，创建一个白色的矩形，不透明度改为24%；然后输入文字，字号为28。最终效果图如图6-7所示。

（2）登录过程页设计

Step 01 在Photoshop中创建一个新的文档，大小为750×1334px。置入素材0.5.jpg并放在上半部分，如图6-8所示。

Step 02 打开“状态栏.psd”文件，选用移动工具，将设计好的状态栏拖拽到文档中，并置于顶端。效果如图6-9所示。

图 6-7

图 6-8

图 6-9

Step 03 制作文本框。选用圆角矩形工具，创建一个圆角矩形，填充为白色，描边为无，并按图6-10所示设置外发光。

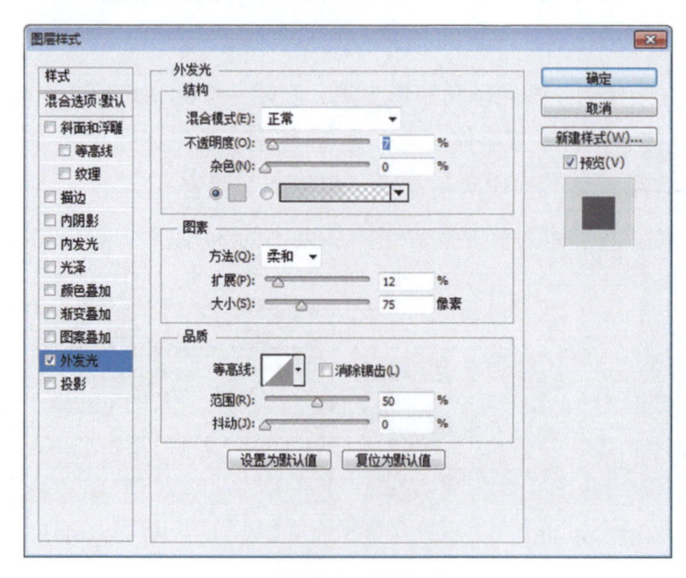

图 6-10

选用直线工具，绘制两条直线，放在适当的位置。然后选用横排文字工具，输入文字并放在直线上方。字体为苹方常规字体，大小为 28 像素。选用椭圆工具绘制一个黑色的圆，然后再复制 9 个，放在适当的位置，效果如图 6－11 所示。

图　6－11

Step 04　制作按钮。选用圆角矩形工具创建一个圆角矩形，填充颜色为 R69、G213、B160，然后按图 6－12 所示设置投影样式。

输入文字放在圆角矩形上，字体为苹方常规字体、大小为 26 像素。

Step 05　输入文字。在按钮下方适当位置输入文字。字体为苹方常规字体、大小为 22 像素。最终效果如图 6－13 所示。

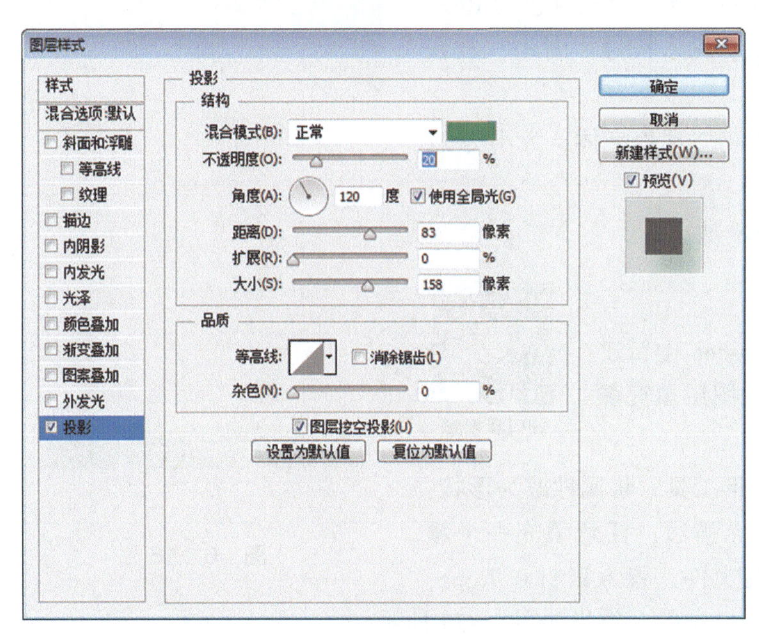

图　6－12

图　6－13

(3) 注册页设计

Step 01　在 Photoshop 中创建一个新的文档，大小为 750×1334px。置入素材 0. 6. jpg 并放在上半部分，如图 6－14 所示。

Step 02　拖入状态栏。在文件中打开“状态栏 . psd”，选用移动工具，将设计好的状态栏拖拽到文档中，并将其置于顶端，如图 6－15 所示。

Step 03　制作文本框。方法与登录页相同，这里不再赘述。

Step 04　制作注册按钮。方法与制作登录按钮的相同，这里不再赘述。

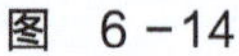

图 6-14

图 6-15

Step 05 选用直线工具绘制三条直线并放在适当的位置。然后，选用横排文字工具，输入文字和绘制黑色的圆放在直线上方。

Step 06 选用椭圆工具绘制一个圆，填充颜色为 R69、G213、B160。选用横排文字工具，输入符号“对勾”放在适当位置。

Step 07 输入文字。字体为苹方常规字体，大小为 22 像素。

最终注册页效果图如图 6-16 所示。

图 6-16

3. 主界面（首页）的设计

扫码看视频

Step 01 新建文件。在 Photoshop 中新建一个 750×1334px 的文档，新建图层填充颜色为#f6f6f6。

Step 02 制作顶部。选用矩形工具，将属性改为形状，建立一个 750×405px 的矩形，无描边，任意填充一个颜色，置于文档最顶端。打开素材文件，置入素材 0.7.jpg，按组合键 <Ctrl + Alt + G> 建立剪贴蒙版。效果如图 6-17 所示。

拖入状态栏。打开文件夹中的“状态栏 .psd”文件，选用移动工具，将设计好的状态栏拖拽到文档中，置于文档顶端，如图 6-18 所示。

在图片上添加文字和图标。使用苹方字体添加文字，字体大小分别为 24 号、22 号，颜色分别为#302f2f、#646161。置入素材图标 .psd，放于适当位置。如图 6-19 所示。

图 6-17

图 6-18

图 6-19

Step 03　制作搜索框。选用圆角矩形工具，建立一个 630×90px 的圆角矩形，半径为 10、颜色为# f6f6f6；右击新建的圆角矩形，在打开的对话框中单击“混合选项：默认”菜单，设置“投影”如图 6-20 所示。

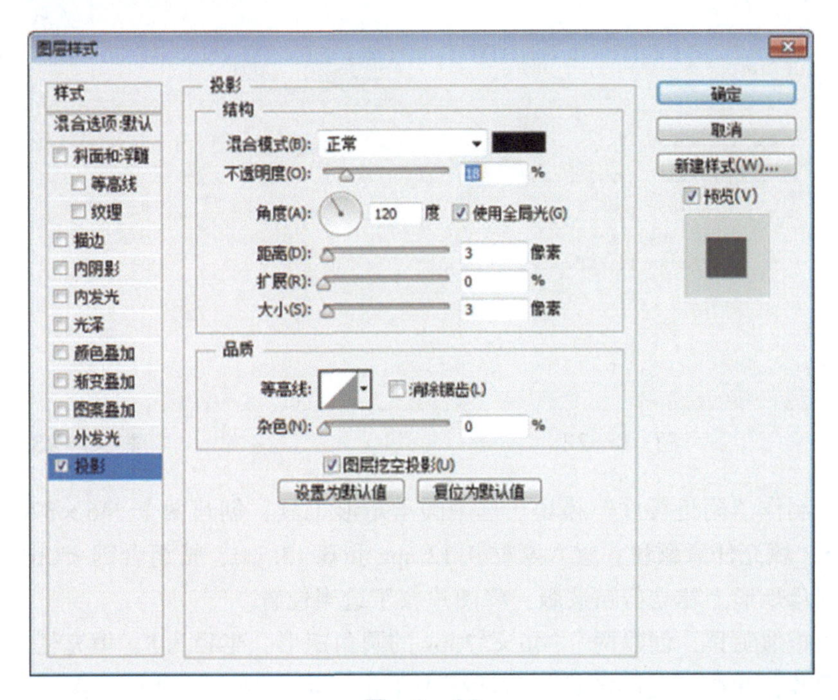

图　6-20

将字体设置为苹方常规，大小为 24 像素，颜色为 R207、G204、B204，输入“请输入您要搜索的食物或餐厅”。选用椭圆工具和直线工具，绘制出所需要的“放大镜”图形，颜色为#bfbfbf。效果如图 6-21 所示。

图　6-21

Step 04　制作“可能喜欢”模块。输入“可能喜欢”文字，将字体设置为苹方常规，文字大小为 30 像素，颜色为深灰（#333333）。

选用矩形工具，在文字“可能喜欢”下方，创建一个 138×128px 的矩形，任意填充一个颜色，无描边色；建立矩形后为矩形设置投影，参数设置如图 6-22 所示，再按组合键 <Ctrl+J> 复制相同的三个矩形。

置入素材 0.8.jpg、0.9.jpg、0.10.jpg、0.11.jpg，分别放于四个矩形中的适当位置。

扫码看视频

再分别输入“早餐”“午餐”“晚餐”“甜点”，置于适当位置。

将搜索框的内容所在图层调整到上层。最终结果如图 6-23 所示。

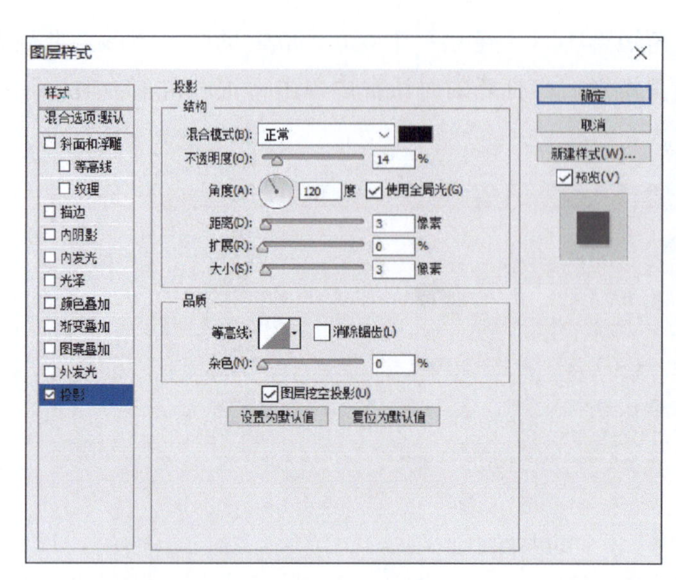

图 6-22

图 6-23

Step 05 制作“附近餐厅”模块。选用圆角矩形工具，创建两个346×370px的圆角矩形，半径为5，填充任意颜色；置入素材0.12.jpg和0.13.jpg，按组合键<Ctrl+Alt+G>，分别在两个圆角矩形上建立剪贴蒙版，将图片放于适当位置。

选用圆角矩形工具，创建两个346×370px的圆角矩形，半径为5，填充任意颜色；与刚才圆角矩形重叠，并在“图层样式”对话框中单击“混合选项：默认”菜单，按图6-24所示设置外发光。

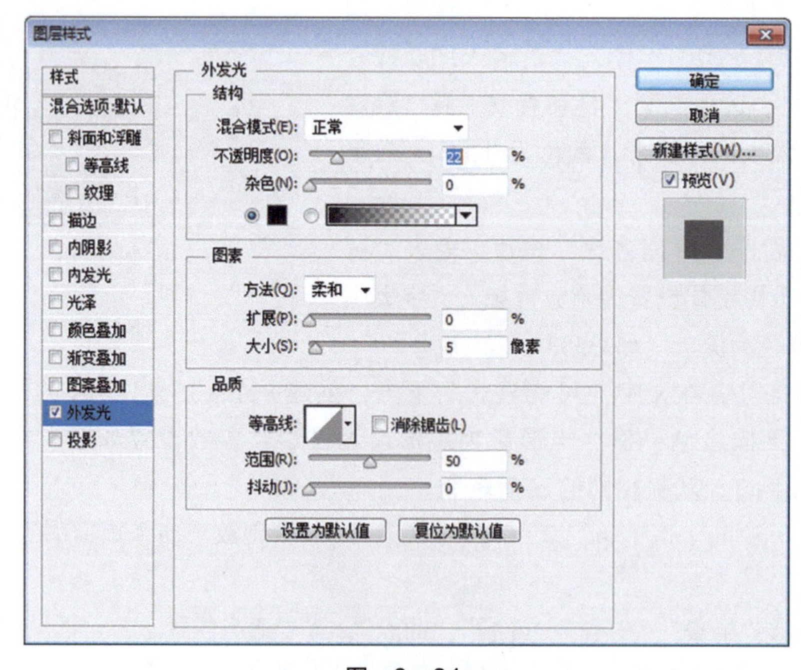

图 6-24

使用“减去顶层形状”命令，将上半部分减去；按组合键 < Ctrl + J > 复制相同的圆角矩形。

输入相应的文字，字体分别为24号、22号。选用椭圆工具绘制两个相同的圆形，放于相应的文字中央。

制作标签。选用圆角矩形工具，创建两个适当大小的圆角矩形，半径为5，填充绿色；将圆角矩形放于适当位置；再输入相应的数字。

效果如图6-25所示。

Step 06　打开文件夹中的“标签栏.psd”文件，选用移动工具，将设计好的标签栏拖拽到文档中，并置于文档底部端。最终效果如图6-26所示。

扫码看视频

图　6-25

图　6-26

4. 一级页面“社区-附近”的设计

Step 01　新建文件，大小为750×1334px（也可以将原来的界面源文件另存，只保留状态栏和标签栏，删除内容部分）。

Step 02　制作导航栏。

制作背景。选用矩形工具，设置为形状属性，创建一个750×88px的矩形，无描边色，填充为白色。

输入文字。如输入“附近”“关注”，将字体设置为苹方常规，文字大小为34像素，颜色为 R1、G236、B149（绿色）和 R83、G83、B83（灰色）。

制作放大镜图标。选用椭圆工具，设置为形状属性，按住 <Shift> 键，创建一个正圆，无填充色，描边为灰色（30 % 灰）。用同样颜色绘制直线作为放大镜的手柄。

绘制分界线。绘制浅灰色（#e3e3e3）、1 像素粗细的直线，将其放置在合适位置。

绘制“附近”的下划线。选用矩形工具，高度为 3 像素，颜色为 R1、G236、B149（绿色）。

注意：下边缘必须与导航栏的下边缘对齐。最终效果如图 6－27所示。

图　6－27

Step 03　制作“周围都在吃”模块。

输入文字“周围都在吃”，颜色为深灰（#333333），大小为 34 像素。

输入“All eating food”字样，将字体设置为苹方常规，文字大小为 24 像素，颜色为 R153、G153、B153（灰色）。

选用椭圆工具，设置为形状属性，按 <Shift> 键，创建一个正圆，填充色为 R229、G229、B229（灰色），无描边。将其放在适当位置。

制作剪贴蒙版的形状。选用矩形工具，设置为形状属性，创建一个 220×290px 的矩形，无描边色，任意填充一个颜色。

打开素材文件夹，置入素材 0. 14. jpg，将图片调整到适当大小，按组合键 <Ctrl + Alt + G> 建立剪贴蒙版。

制作文字下方的透明背景。选用矩形工具，设置为形状属性，创建一个 220×90px 的矩形，无描边色，颜色为 R234、G104、B162，放在图片最下方，将不透明度改为 70%。

输入文字“草莓派”和“120m 3min”，将字体设置为苹方常规，文字大小分别为 6 像素和 4 像素，颜色为 R225、G225、B225（白色），放在适当位置。

执行以上步骤分别将素材 0. 15. jpg、0. 16. jpg、0. 17. jpg 放在合适位置。最终效果如图 6－28 所示。

图　6－28

Step 04　制作白卡之间的分界线。

选用“矩形工具，绘制一个矩形，填充色为 R239、G241、B240（灰色），无描边。将其放于适当位置，并按图 6－29 所示设置“混合选项：默认”菜单中的“内阴影”。

Step 05　制作评价模块。

制作剪贴蒙版的形状。选用椭圆工具，绘制一个圆形，填充任意颜色，无描边，并将其放于适当位置。

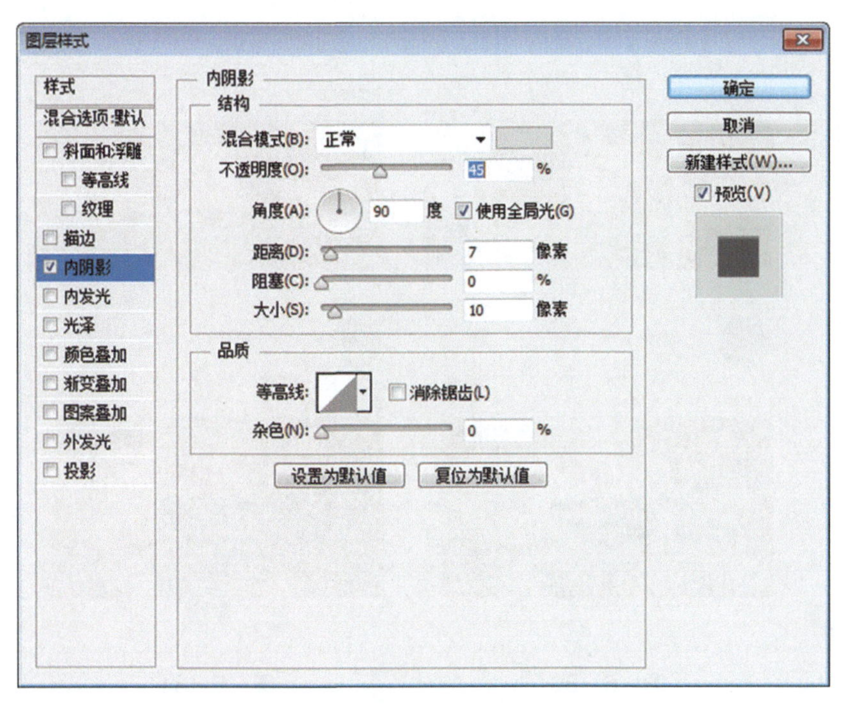

图　6－29

置入素材0.18.jpg，将图片调整到适当大小，按住组合键 < Ctrl + Alt > 的同时，单击图层面板中“0.18图层”与“椭圆图层”的交界处，与绘制的圆形建立剪贴蒙版。

输入文字“何大大是uankong”，字体为苹方常规，文字大小为30像素，颜色为R60、G59、B59（灰色），将其放在适当位置。

输入文字“30分钟前”，字体为苹方常规，文字大小为24像素，颜色为R153、G153、B153（灰色），将其放在适当位置。

制作图标“关注”。绘制矩形框，颜色为R1、G236、B149（绿色），粗细为1像素。输入“＋关注”，字体为苹方常规，文字大小为22像素，颜色为R1、G236、B149（绿色），放在适当位置。

输入文字“高大上！餐厅环境很漂亮，刚和朋友吃了美味的糕点，咖啡有点小贵，但是真好喝。嗯，决定以后这就是我要经常来的了。”，字体为苹方常规，文字大小为26像素，颜色为R95、G97、B96（灰色），将其放在适当位置。

继续制作剪贴蒙版。选用矩形工具，将属性改为形状，创建一个矩形，无描边色，任意填充一个颜色。打开素材文件夹，置入素材0.15.jpg，将图片调整到适当大小，按组合键 < Ctrl + Alt + G > 建立剪贴蒙版。效果如图6－30所示。

Step 06　打开文件夹中的素材文件，使用移动工具，将设计好的标签栏拖拽到文档中，并置于文档底部。最终效果如图6－31所示。

图 6-30

图 6-31

5. 一级页面“食圈”的设计

Step 01 制作状态栏。打开素材文件夹，置入素材“状态栏.psd”，使用移动工具将其拖拽到文档顶端。

Step 02 制作导航栏。选用多边形工具，设置为形状属性，填充为无，描边为浅灰色（#cccccc）、1px，单击屏幕会弹出一个对话框，创建一个宽度和高度都为 48 像素的星形，并将其放置于合适位置。选择文字工具，字体为苹方常规，文字大小为 34 像素，颜色为灰色（#333333），输入文字。

制作放大镜图标。选用椭圆工具，设置为形状属性，无填充，描边为浅灰色（#cbcbcb）、1 像素，宽度和高度都为 34 像素，创建一个圆形。绘制一个矩形，属性为形状，填充为浅灰色（#cbcbcb），描边为无，选中这个矩形，按组合键 <Ctrl + T> 后右击选择“旋转”命令，将矩形旋转到适当角度，放置在导航栏右侧。

Step 03 制作剪贴蒙版。选用矩形工具创建一个矩形，设置为形状属性，填充为任意颜色，描边为无，将其放置在恰当位置。打开素材文件夹，置入素材 0.19.jpg，按组合键 <Ctrl + Alt + G> 建立剪贴蒙版，调整图片，根据实际情况可以选择调整色阶、曲线或者色相饱和度。

输入文字“菜谱区咸鱼翻身把歌唱”并放在矩形中上方合适位置，选用苹方常规字体，修改文字大小为 36 像素和 24 像素，颜色改为白色。

按照同样的步骤，使用素材 0.20.jpg、0.21.jpg、0.22.jpg 制作下面三个模块，修改文字，效果如图 6-32 所示。

Step 04 制作标签栏。打开素材文件夹，置入素材文件“标签栏.psd”，选用移动工具，拖拽制作好的标签栏到文档底端。最终效果如图6-33所示。

图 6-32

图 6-33

6. 一级页面“我”的设计

Step 01 制作顶部图片。新建一个文档，选用钢笔工具，将路径改为形状，绘制出所需要的形状，无描边，填充任意一颜色。效果如图6-34所示。

置入素材0.24.jpg，将图片调整到适当大小，按组合键<Ctrl + Alt + G>，与绘制的形状建立剪贴蒙版。效果如图6-35所示。

选用椭圆工具，绘制相同的三个圆形，无填充色，描边为3，颜色为#e5e5e5，将其放在合适位置。选用椭圆工具，绘制一个圆形，填充任意一颜色，无描边，将其放于适当位置。置入素材0.25.jpg，将图片调整到适当大小，按组合键<Ctrl + Alt + G>，与绘制的圆形建立剪贴蒙版。选用横排文字工具，输入相应的文字，字体为苹方常规，字体大小分别为30像素、24像素，颜色为白色。

图 6-34

图 6-35

扫码看视频

Step 02 制作状态栏。置入素材文件“状态栏.psd”，选用移动工具，将设计好的状态栏拖拽到新建文档中，并置于顶端。效果如图 6－36 所示。

Step 03 制作悬浮按钮。选用椭圆工具，绘制一个圆形，填充色为 R69、G213、B160，无描边，将其放于适当位置，并设置“混合选项：默认”中的“外发光”。选用直线工具，绘制三条直线，颜色为白色。效果如图 6－37 所示。

图 6－36

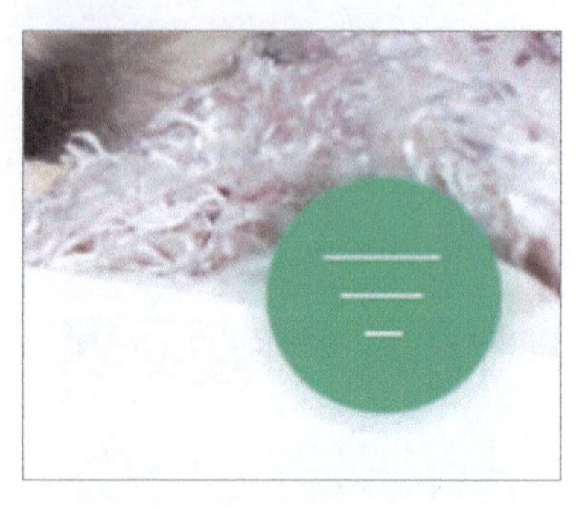

图 6－37

扫码看视频

Step 04 制作内容区域。

选用直线工具绘制一条直线，填充色为#eeeeee，粗细为 3 像素；再次选用椭圆工具，绘制四个大小相同的圆形，无描边色，填充色分别为#ffdc5a、#45d5a0、#ff86bf、#45d5a0，将其放于适当位置。

输入文字，字体为苹方常规，字号分别为 30 像素、26 像素，颜色分别为#303030、#878385。效果如图 6－38 所示。

Step 05 置入素材“标签栏.psd”，选用移动工具，将设计好的状态栏拖拽到新建文档中，并置于底端。最终效果如图 6－39 所示。

扫码看视频

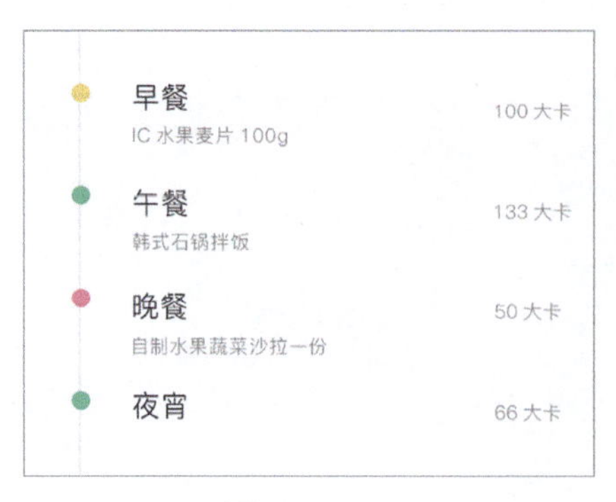

图 6－38

图 6－39

7. 参考上面制作主页的方法，为 APP 软件制作子界面

具体步骤不再赘述，APP 软件各界面的架构图如图 6 – 40 所示。

图 6 –40

6.1.4 任务评价

1）界面符合 iOS 系统的设计规范。

2）内容设置符合运营商的要求。

任务 2 健身类 APP 的制作

6.2.1 任务情境

因为小明的学习能力较强，被另外一个设计组的组长看中，将其调到另一个组帮忙。临去之前，组长嘱咐小明要认真对待这次任务，好好表现。

6.2.2 任务分析

这是一款关于健身的 APP，健身类 APP 的界面有别于购物类或者食品类的 APP 界面，要求的行业特点在界面中的效果要更突出一些，而且界面布局也有很大变化。这是小明新接触的一个行业，需要他和小组成员配合设计。

6.2.3 任务实施

扫码看视频

1. 登录页界面设计

Step 01 新建文件，大小为 750×1334px。

Step 02 制作图标。

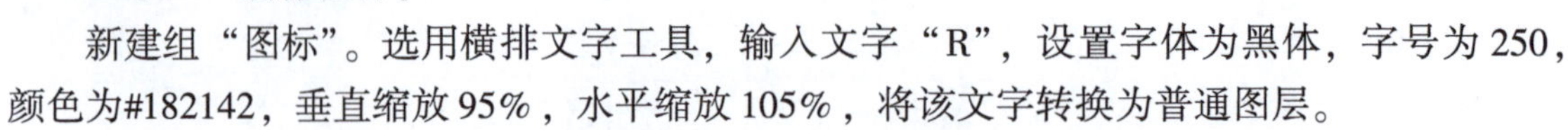

新建组“图标”。选用横排文字工具，输入文字“R”，设置字体为黑体，字号为 250，颜色为#182142，垂直缩放 95%，水平缩放 105%，将该文字转换为普通图层。

选用矩形工具，绘制一个矩形，按组合键 <Ctrl + T> 对矩形进行旋转，然后将其放置在所需要的位置；执行“图层”→“合并形状”→“减去顶层形状”命令，得到所需要的效果。

再次选用矩形工具，绘制一个矩形，填充颜色为#182142，无描边。按组合键 <Ctrl + T>，对矩形进行旋转，然后将其放置到所需要的位置；按住 <Shift> 键的同时单击图层，选取两个图层，执行“图层”→“合并形状”→“减去顶层形状”命令，减去多余部分，得到所需要的效果。效果如图 6-41 所示。

选用矩形工具，绘制一个矩形，无描边。选用钢笔工具，在选项栏中选用“减去顶层形状”命令，在图像上减去多余部分。效果如图 6-42 所示。

输入文字“un”，设置字体样式为苹方常规，字号为 80，字符间距为 200，颜色为#182142，字体加粗。效果如图 6-43 所示。

图 6-41　　图 6-42　　图 6-43

选用椭圆工具，绘制一个椭圆，填充颜色为#f3d60c，无描边。同样选用矩形工具，绘制一个矩形，按住 <Shift> 键的同时单击图层，选取两个图层，执行“图层”→“合并形状”→“减去顶层形状”命令，得到所需要的效果。效果如图 6-44 所示。

复制图层两次，对新复制的图层按组合键 <Ctrl + T> 进入自由变换模式，然后按住

<Shift + Alt>组合键，滑动鼠标滑轮，等比例放大缩小图形。两个图形分别填充颜色为#ffffff、#52f6d1，描边为1像素、颜色为#1b1b1b。

选中自定义形状工具，在选项栏中找到水滴的形状，设置填充色为深灰色（#333333），描边为无，绘制出西瓜籽的效果。

选用钢笔工具，在选项栏中设置填充色为R244、G179、B15，描边为1像素，描边颜色为#1b1b1b，绘制三个大小不等的菱形、三角形。最终效果如图6-45所示。

图　6-44　　　　图　6-45

Step 03　制作账号文本框。新建组，并命名为“账号”。

制作文本框背景。选用矩形工具，设置填充为白色，描边为1像素，描边颜色为#e5e5e5，绘制一个矩形。效果如图6-46所示。

将绘制的矩形栅格化，选用橡皮擦工具，擦掉绘制的矩形的多余部分，得到如图6-47所示的效果。

图　6-46　　　　图　6-47

制作文本框。选用圆角矩形工具，设置前景色为白色，描边为1像素，描边颜色为#dcdcdc，圆角半径为5像素，绘制一个圆角矩形。右击绘制的圆角矩形，选择“栅格化图层”命令，选用橡皮擦工具，擦掉绘制的矩形的多余部分。设置图层样式“内阴影”，混合模式为正片叠底，填充颜色为#c8c8c8，不透明度为20%，角度为130度，距离为3像素，大小为2像素，如图6-48所示。输入文字，设置字体样式为苹方常规，字号为32，颜色为#666666。得到的效果如图6-49所示。

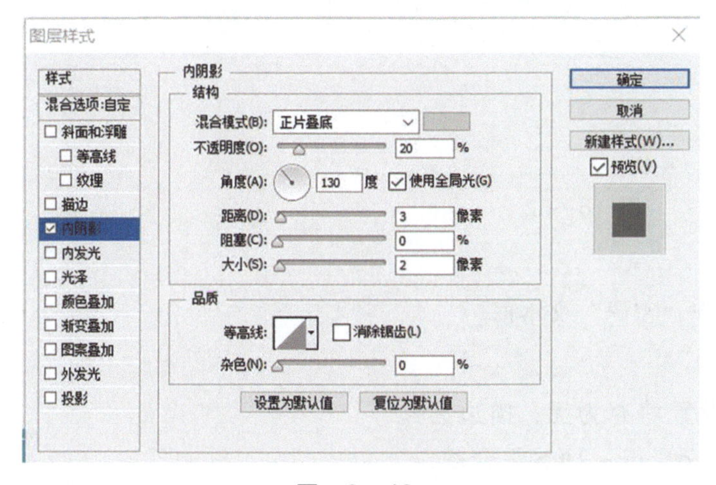

图　6-48

图　6-49

制作投影效果。新建图层“投影”，选用钢笔工具，设置样式为形状，绘制出投影效果，如图 6－50 所示。

给“投影”添加图层蒙版，按住 < Alt > 键单击图层蒙版，进入图层蒙版的编辑。在图层蒙版上创建填充放射状渐变，效果如图 6－51 所示。

图 6－50　　图 6－51

给“投影”图层添加图层样式“渐变叠加”，混合模式为正常，不透明度为 35%，样式为线性，角度为 122 度，缩放为 84%，如图 6－52 所示。

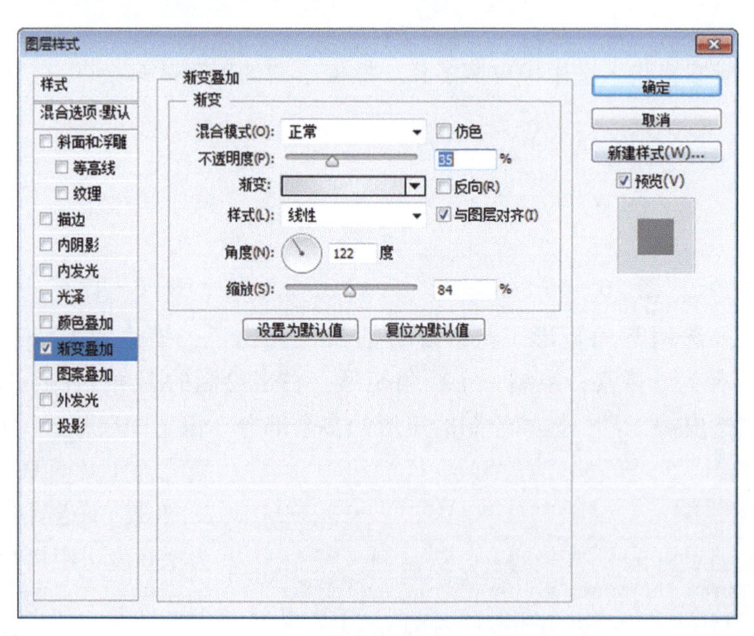

图 6－52

最终效果如图 6－53 所示。

Step 04　按照同样的方法，制作“密码”文本框。

Step 05　制作图标。

绘制头部。选用椭圆工具，设置填充为无，描边为 1 像素，描边颜色为#626262，按住 < Shift + Alt > 组合键，同时按住鼠标左键拖拽，等比例绘制一个椭圆。复制椭圆，

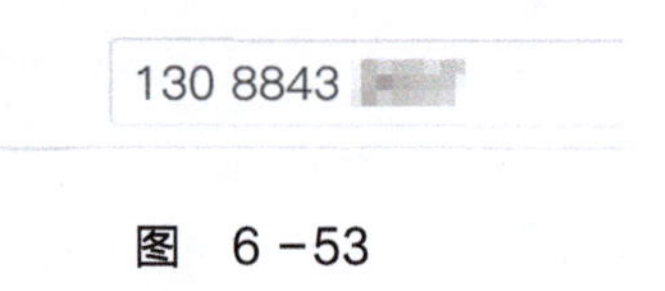

图 6－53

设置描边为无，填充色为 R96、G213、B23。选用钢笔工具，设置为形状，描边为无，填充色为 R68、G178、B195，绘制投影效果。绘制白色形状，作为高光。效果如图 6－54 所示。

绘制身体。选用椭圆工具，设置填充为无，描边为 1 像素，描边颜色为#626262，绘制一个椭圆。选用矩形工具，设置路径为“减去顶层形状”，填充为无，描边为 1 像素，描边颜色为# 626262，在椭圆上绘制一个矩形，即可减去多余部分。复制椭圆，设置描边为无，填充色为 R96、G213、B23。选用钢笔工具，设置样式为形状，描边为无，填充色为 R68、G178、B195，绘制投影效果。选用钢笔工具，设置样式为形状，描边为无，填充色为白色，绘制高光部分。得到的最终效果如图 6－55 所示。

Step 06 用同样的方法制作另一个图标，效果如图 6－56 所示。

文本框部的最终效果如图 6－57 所示。

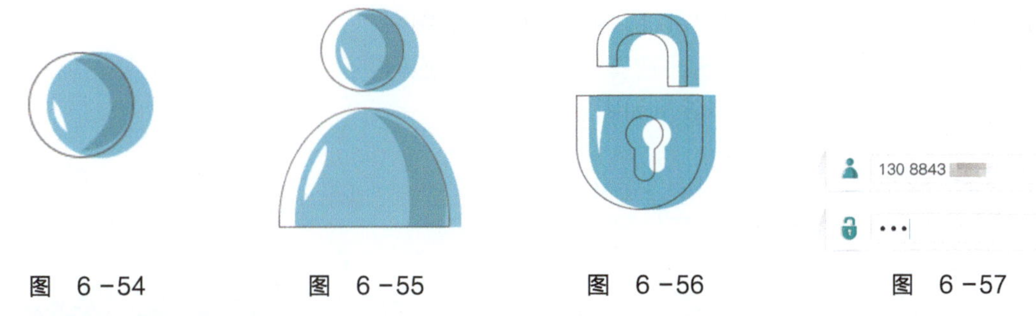

图 6－54　　图 6－55　　图 6－56　　图 6－57

Step 07 制作登录按钮。选用圆角矩形工具，设置填充色为 R43、G199、B222，描边为无，圆角半径为 5 像素，绘制一个圆角矩形。复制圆角矩形，更改填充色为无，描边为 2 像素，描边颜色为# 626262，将矩形边框栅格化，选用橡皮擦工具按钮，擦出图 6－58 所示的效果。

再次选用圆角矩形工具，设置填充色为 R5、G157、B180，描边为无，圆角半径为 5 像素，绘制一个圆角矩形。效果如图 6－59 所示。

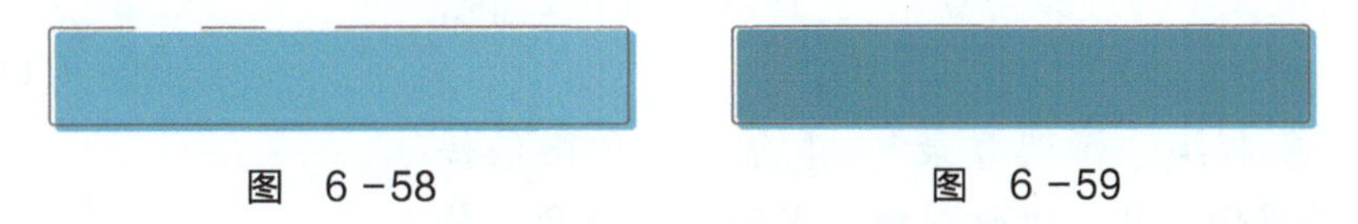

图 6－58　　图 6－59

选用钢笔工具，在选项栏中选择路径为“减去顶层形状”，填充颜色为 R5、G157、B180，描边为无，绘制矩形，减去多余部分。效果如图 6－60 所示。

选用圆角矩形工具，设置填充色为白色，描边为无，圆角半径为 5 像素，绘制一个圆角矩形。效果如图 6－61 所示。

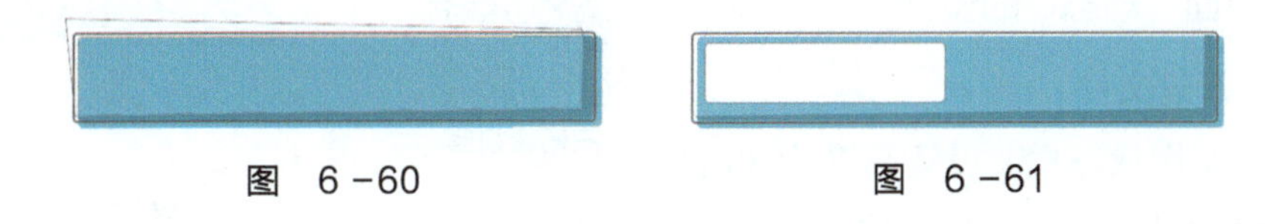

图 6－60　　图 6－61

使用钢笔工具，在选项栏中选择路径为“减去顶层形状”，填充色为白色，描边为无，绘制矩形，减去多余部分，效果如图 6－62 所示。

选用横排文字工具，输入文字“登录”，设置字体样式为苹方常规，字号为 32 像素，颜色为白色，效果如图 6－63 所示。

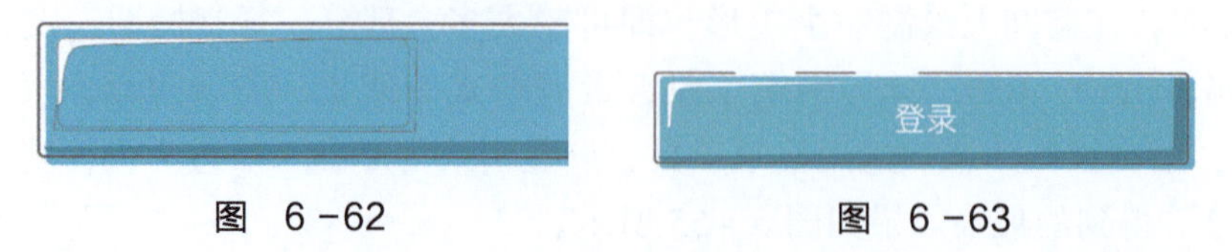

图 6－62　　图 6－63

Step 08 输入文字“其他登录方式”，设置字体样式为苹方常规，字号为 24。

Step 09 选用自定义形状工具，在选项栏中找到圆角三角形的形状，设置填充色为#c1c1c1，描边为无，绘制一个三角形。按组合键 <Ctrl + T>，选择旋转 90 度（逆时针）命令进行旋转。形成的最终效果如图 6－64 所示。

图 6－64

2. 引导页界面设计

Step 01 新建一个文档。

Step 02 拖入图标。

Step 03 按照制作“登录”按钮的方法制作“QQ 登录”按钮，设置填充色为 R71、G161、B247，阴影颜色为 R44、G118、B189，描边颜色为# 626262，置入素材 0. 1. jpg。

Step 04 复制组“QQ 登录”，重命名为“微博登录”。更改填充颜色为 R242、G109、B110，阴影颜色为 R236、G66、B67，更改文字为“微博登录”。置入素材 0. 2. jpg，替换素材 0. 1. jpg。

Step 05 复制组“微博登录”，重命名为“微信登录”。按上面的操作方式，更改圆角矩形的填充颜色，分别为#30e983、# 0ec05e。用素材 0. 3. jpg 替换素材 0. 2. jpg。选用横排文字工具，将“微博登录”更改为“微信登录”。

最终效果如图 6－65 所示。

图 6－65

3. 一级页面“动态”的设计

扫码看视频

Step 01 新建文件。

Step 02 制作状态栏。设置高度为 88 像素。打开素材“状态栏 . psd”，使用移动工具，将设计好的“状态栏”拖拽到新建文档中，并置于顶端。

Step 03 制作导航栏。选用横排文字工具，输入文字“精选”和“关注”，字体设为苹方常规，字体大小为30px；再选用矩形工具，绘制适当大小的矩形，填充色为#2bc7de，无描边，放置于“关注”下方。

绘制相机图标。选用钢笔工具，将路径改为“形状”，绘制出所需要的“相机”形状，描边为黑色，无填充色；再选用椭圆工具，绘制一个圆形，无填充色，描边颜色为#2bc7de。最终效果如图6－66所示。

Step 04 制作内容部分的图片导航。

选用圆角矩形工具，绘制出三个相同的圆角矩形，半径为5像素，无描边色，填充为任意颜色。效果如图6－67所示。

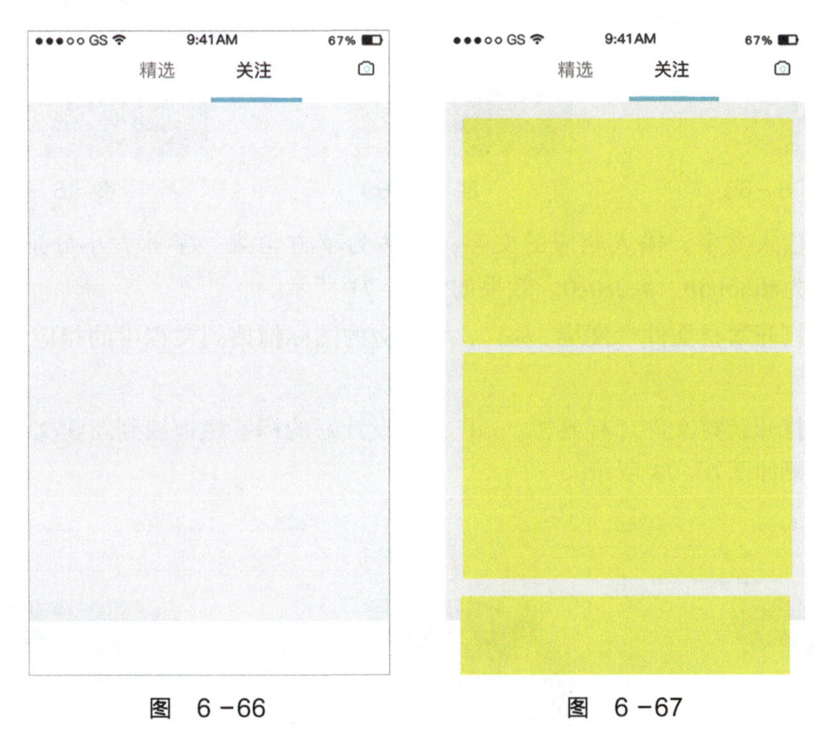

图 6－66　　图 6－67

置入素材0.4.jpg、0.5.jpg、0.6.jpg，按组合键<Ctrl + Alt + G>，与圆角矩形建立剪贴蒙版。效果如图6－68所示。

选用圆角矩形工具，绘制出三个相同的圆角矩形，半径为5像素，无描边色，填充色为白色，使用“减去顶层形状”命令，将圆角矩形的上半部分减去。减去后将会显示出上一步所做的剪贴蒙版，效果如图6－69所示。

Step 05 制作头像。选用椭圆工具，绘制两个相同的圆形，无描边色，填充任意颜色，置入素材07.jpg、08.jpg，按组合键<Ctrl + Alt + G>，与椭圆建立剪贴蒙版。效果如图6－70所示。

图 6－68

图 6－69

图 6－70

Step 06 输入文字。输入相应的文字，字体为苹方常规，字体大小分别为 24 号、22 号，颜色分别为#6b6b6b、#c0c0c0。效果如图 6－71 所示。

Step 07 打开素材文件“图标 . psd”，将相应的图标拖拽到文档中的相应位置。效果如图 6－72 所示。

Step 08 打开素材文件“标签栏 . psd”，将设计好的标签栏拖拽到新建文档中，并置于底端。最终效果如图 6－73 所示。

图 6－71

图 6－72

图 6－73

4. 一级页面“发现”的设计

Step 01 新建文件。(也可以将同级别的文件另存，删除内容部分，保留公共部分，修改文字内容。)

Step 02 制作顶部。

置入素材 09. jpg，并放于顶端，调整大小。

打开素材文件“状态栏 . psd”，选用移动工具，将设计好的状态栏拖拽到新建文档中，并置于顶端。

选用钢笔工具画出形状 1，填充颜色为 R55、G187、B208。效果如图 6 – 74 所示。

选用钢笔工具画出形状 2，填充颜色为纯白。将形状 2 下移 1px，以形成蓝色描边。效果如图 6 – 75 所示。

Step 03 制作宫格导航。打开素材文件“分类图标 . psd”，选用移动工具，将设计好的导航栏拖拽到文档中。输入文字，字体设为苹方常规，颜色为 R196、G195、B195。效果如图 6 – 76所示。

图　6 – 74

图　6 – 75

图　6 – 76

Step 04 白卡间隔。

创建矩形，高为 20 像素，设置内阴影，颜色为 R234、G233、B233，如图 6 – 77 所示。设置渐变叠加颜色为 R243、G243、B243 到 R248、G248、B247，如图 6 – 78 所示。

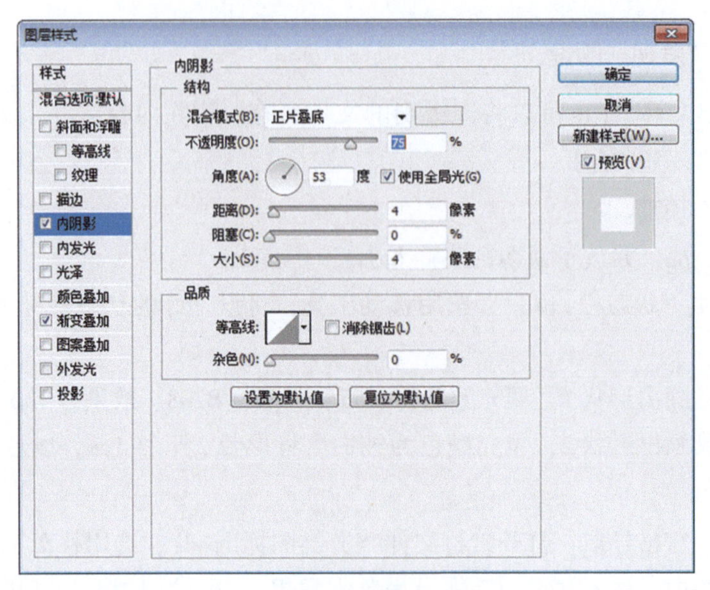

图 6-77

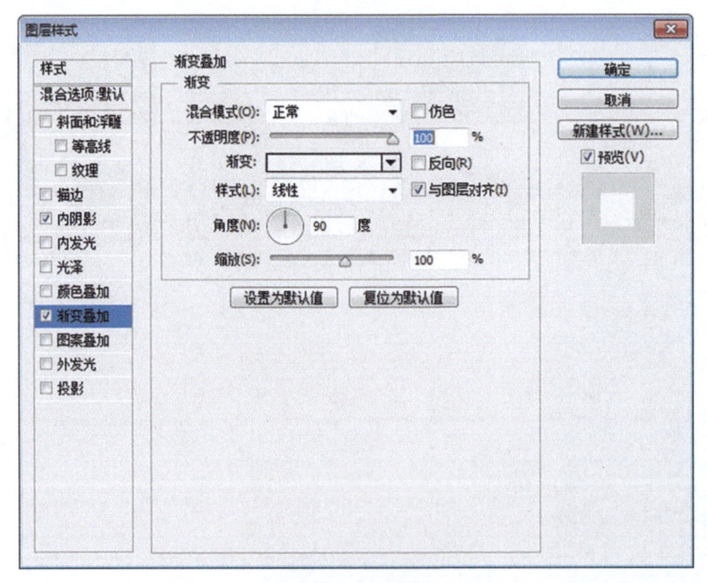

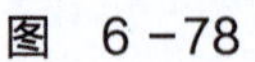
图 6-78

扫码看视频

选中矩形，按 <Alt> 键复制一个，计算好高度，移到下面，效果如图 6-79所示。

Step 05 制作“专题推荐”部分。

创建文字，字体为苹方常规，字号为 32 像素，颜色为#333333。绘制进入按钮“ > ”。

创建矩形，无描边，填充任意颜色。将素材 0. 10. jpg 和 0. 11. jpg 用移动工具拖入到适当位置，调整大小，按组合键 <Ctrl + Alt + G> 与绘制的圆形建立剪贴蒙版。输入文字。效果如图 6-80 所示。

Step 06 按照同样的方法制作“新手入门”部分。(也可以将同级别内容复制，然后修改文字和图片即可。)

Step 07 打开素材文件“标签栏.psd”，使用移动工具，将设计好的标签栏拖拽到文档适当位置。最终效果如图6－81所示。

扫码看视频

图 6－79

图 6－80

图 6－81

5. 一级页面“商城”的设计

Step 01 新建文件。(也可以将同级别文件另存，保留公共部分，删除内容部分，修改文字即可。)

Step 02 制作顶部。

选用矩形工具，绘制750×474px的矩形，无描边，填充色为# 00cfcf。

打开素材文件“状态栏.psd”，选用移动工具，将设计好的状态栏拖拽到新建文档的顶端。

选用直线工具，绘制三条长度相同的直线，填充色为白色，粗细为2像素。

打开素材文件“图标.psd”，将图标拖拽到文档中的相应位置。

输入文字。英文字体为苹方常规，字体大小为30号，输入“VAPORMAX”，字体倾斜加粗；“轻盈灵活，勇往直前”的字号为24号，字体为汉仪菱心体简。字体颜色都为白色。图标和部分文字内容可以根据需要减弱，注意白色的减弱方法，应使用透明度，而不能使用灰色。

置入素材0.13.jpg，放置于相应位置，选用魔棒工具，将鞋子反选，建立图层蒙版，设置前景色为黑，隐藏图形边缘，并调整为合适大小。效果如图6－82所示。

图 6－82

Step 03 制作分类导航图标。

选用矩形工具，绘制适当大小的矩形，并放置于适当位置。

打开素材文件“分类标签.psd”，将设计好的分类图标拖拽到文档的适当位置；选用横排文字工具，输入相应的文字，字体为苹方常规，字号为26号，颜色为#a7a7a7。效果如图6-83所示。

Step 04 制作“热卖推荐”。

选用矩形工具，绘制两个相同大小的矩形，无描边，填充色为白色。效果如图6-84所示。

输入相应的文字，字体为苹方常规，字号为30号，颜色为#a7a7a7。绘制进入图标“>”。效果如图6-85所示。

图 6-83

图 6-84

图 6-85

选用钢笔工具，将路径改为“形状”，绘制出相应的形状，按<Alt>键，复制三个。效果如图6-86所示。

置入素材0.14.jpg、0.15.jpg、0.16.jpg、0.17.jpg，并使用“图层蒙版”，将多余部分隐藏。

输入相应的文字，字体为苹方常规，字号为26号，颜色分别为#333333、#29c8de。效果如图6-87所示。

Step 05 制作“本周优品”部分。

选用钢笔工具，将“路径”改为“形状”，绘制出相应的形状，无描边，填充任意颜色，置入素材0.18.jpg，并建立剪贴蒙版。

输入相应的文字，字体为苹方常规，字号为26号，颜色分别为#333333、#656464。效果如图6-88所示。

图　6－86

图　6－87

图　6－88

Step 06　打开素材文件“标签栏 . psd”，将设计好的标签栏拖拽到新建文档的底部。最终效果图如图 6－89 所示。

图　6－89

6. 一级页面“我的”的设计

Step 01　新建文件。

Step 02　制作顶部。

打开素材文件“顶部背景 . psd”，将设计好的顶部背景拖入文档中，并放置在合适的位置。在文档中打开“状态栏 . psd”，使用移动工具，将设计好的状态栏拖拽到文档的顶端。再在文档中打开“小图标 2. psd”，使用移动工具将设计好的图标拖拽到文档中，并放在适当的位置。效果如图 6－90 所示。

选取椭圆工具，设置填充色为黑色，描边为无，把准备好的素材 0. 19. jpg 移动到文档中，置于椭圆形状之前，做剪贴蒙版。再选择椭圆工具按钮，添加圆形，效果如图 6－91所示。

输入文字“胡桃夹子”，字体为苹方常规、字体大小为 30 像素。

输入文字“粉丝 10”“关注 13”“动态 5”，字体为苹方常规，字体大小为 26 像素。选用直线工具，绘制两条直线放在适当的位置。效果如图 6－92 所示。

图 6-90

图 6-91

图 6-92

Step 03 制作间隔。选用矩形工具，绘制一个矩形，放置在适当位置，填充颜色为R247、G247、B24。效果如图 6-93 所示。

Step 04 制作宫格导航。

把设计好的图标拖拽到文档中，放在适当的位置。

输入文字，字体为苹方常规，字体大小分别为 30 像素和 24 像素，使用深灰色和浅灰色。

选用直线工具，绘制直线放在适当的位置。效果如图 6-94 所示。

Step 05 把设计好的标签栏拖拽到文档中，放在适当的位置。最终效果如图 6-95 所示。

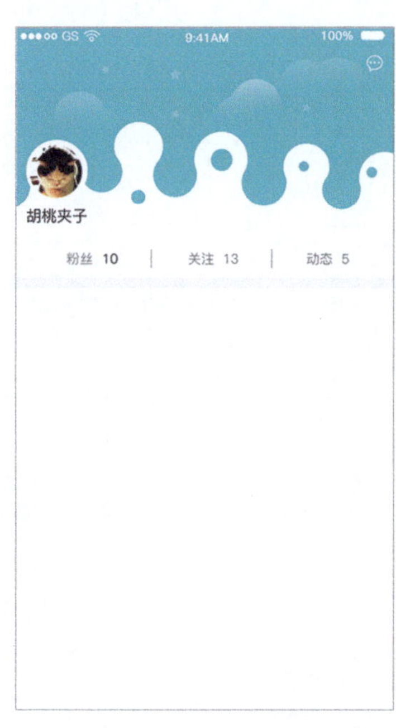

图 6-93

图 6-94

图 6-95

6.2.4 任务评价

设计的界面符合行业特点。

界面符合 iOS 系统的设计规范。

内容设置符合要求。

参考文献

[1] 张晓景，胡克. 移动应用 UI 设计［M］. 北京：人民邮电出版社，2016.

[2] 北京课工场教育科技有限公司. 移动端 UI 商业项目实战［M］. 北京：中国水利水电出版社，2016.

[3] Art Eyes 设计工作室. 创意 UI：Photoshop 玩转图标设计［M］. 2 版. 北京：人民邮电出版社，2017.

[4] 张晨起. Photoshop UI 交互设计［M］. 北京：人民邮电出版社，2016.

[5] 郭庚麒. 软件工程基础教程［M］. 北京：科学出版社，2004.

[6] 汤庸. 软件工程方法与管理［M］. 北京：冶金工业出版社，2002.

[7] 张海藩，牟永敏. 软件工程导论［M］. 6 版. 北京：清华大学出版社，2013.

[8] 张玲，丁莉，李娜. 软件工程［M］. 北京：清华大学出版社，2005.

[9] 科兹纳. 项目管理的战略规划：项目管理成熟度模型的应用［M］. 张增华，吕义怀，译. 北京：电子工业出版社，2002.